Dolge
Klausurentraining Weiterbildung
Rechnungswesen

Besuchen Sie uns im Internet unter www.kiehl.de

www.kiehl.de

Klausurentraining Weiterbildung
für Betriebswirte, Fachwirte, Fachkaufleute und Meister

Rechnungswesen

111 Klausurtypische Aufgaben und Lösungen

Von
Dipl.-Kfm. (FH) Frank Dolge

ISBN: 978-3-470-**64341**-0

© NWB Verlag GmbH & Co. KG, Herne 2013

Kiehl ist eine Marke des NWB Verlags

Alle Rechte vorbehalten. Das Werk und seine Teile sind urheberrechtlich geschützt. Jede Nutzung in anderen als den gesetzlich zugelassenen Fällen bedarf der vorherigen schriftlichen Einwilligung des Verlages. Hinweis zu § 52 a UrhG: Weder das Werk noch seine Teile dürfen ohne eine solche Einwilligung eingescannt und in ein Netzwerk eingestellt werden. Dies gilt auch für Intranets von Schulen und sonstigen Bildungseinrichtungen.

Satz: Röser MEDIA GmbH & Co. KG, Karlsruhe
Druck: Beltz Druckpartner, Hemsbach

Klausurentraining Weiterbildung
für Betriebswirte, Fachwirte, Fachkaufleute und Meister

Die Reihe *Klausurentraining* ist aus der Überlegung heraus entstanden, dass sich sehr viele Absolventen von IHK-Weiterbildungslehrgängen gezielt auf ein spezielles Prüfungsthema (Qualifikationsbereich) vorbereiten möchten, um dort ihre Fähigkeiten in der Wissensanwendung zu vervollständigen.

Betrachtet man die inhaltlichen Schwerpunkte der Klausuren in den IHK-Abschlussprüfungen, so ergibt sich eine große Schnittmenge der Anforderungen: Beispielsweise fehlen in keiner Abschlussklausur im *Rechnungswesen* Aufgaben zur Finanzbuchhaltung, zur Bilanzierung oder zur Kosten- und Leistungsrechnung.

Daher enthält jeder Band dieser Reihe *klausurtypische Aufgaben* zu dem betreffenden Fachgebiet, die dem Niveau der IHK-Prüfungen in Umfang und Schwierigkeitsgrad entsprechen. Dabei wurde die Aufgabensammlung fachspezifisch gegliedert und jede Aufgabe mit einer Überschrift gekennzeichnet. Dies soll das spätere *Erkennen des Aufgabentyps in der Klausur unter Echtbedingungen* erleichtern.

Der Lösungsteil ist ausführlich und verständlich gestaltet, sodass sich der Leser/die Leserin selbstständig in der *Umsetzung des erlernten Wissens trainieren und kontrollieren* kann. Die Lösungen werden durch *wichtige Hinweise* zum Verständnis der Inhalte und zur Bearbeitung der Aufgabe ergänzt. Eine allgemeine Darstellung der grundsätzlichen Methode zur Lösung rechtlicher Sachverhalte unterstützt die Bearbeitung der Aufgaben. Das umfangreiche Stichwortverzeichnis ermöglicht das gezielte Auffinden von Begriffen und Zusammenhängen.

Diese Fachbuchreihe richtet sich an:
- Teilnehmer von IHK-Weiterbildungslehrgängen (angehende Betriebswirte, Fachwirte, Fachkaufleute, Bilanzbuchhalter und Meister)
- Studierende an Fachschulen und Fachhochschulen.

Charakteristische Merkmale für jeden Band dieser Reihe sind:
- mehr als 100 Prüfungsaufgaben orientiert am Niveau der IHK-Weiterbildungslehrgänge
- fachspezifische Gliederung der Aufgaben
- Aufgabenstellungen mit thematischen Überschriften
- ausführliche, verständliche Darstellung der Lösungen
- allgemeines Vorgehen beim Lösen von Rechtsaufgaben
- Zusammenstellung wichtiger Begriffe
- umfangreiches Stichwortverzeichnis.

Frank Dolge
Rostock, im Dezember 2012

Vorwort

Das Rechnungswesen als zentraler Bestandteil der Betriebswirtschaft stellt alle Aktivitäten eines Unternehmens zahlenmäßig dar. Es dokumentiert alle Vorgänge, liefert internen und externen Adressaten Informationen und dient der Planung und der Kontrolle. Im Rechnungswesen laufen sozusagen alle Fäden zusammen. Dabei gilt es, sowohl gesetzliche Vorschriften als auch betriebswirtschaftliche Standards zu beachten bzw. anzuwenden.

Für interne und externe Zielgruppen sind Kenntnisse im Rechnungswesen wichtig, um Informationen über die Finanz-, Ertrags- und Vermögenslage des Unternehmens zu erhalten bzw. diese Daten einschätzen zu können.

In allen betriebswirtschaftlichen Disziplinen, sei es bei der IHK-Weiterbildung oder im betriebswirtschaftlichen Studium, ist das Fach Rechnungswesen zentraler Bestandteil.

Dieses Buch mit seinen 111 klausurtypischen Aufgaben und ausführlichen Lösungen hilft Ihnen, einen Überblick über die einzelnen Bereiche und Zusammenhänge im Rechnungswesen zu gewinnen. Entscheidungen, die Sie als Fach- oder Betriebswirt treffen müssen, sollen fachlich fundiert erfolgen. Sie müssen die Daten, die Ihnen vom Rechnungswesen zur Verfügung gestellt werden, richtig interpretieren und deren Auswirkungen einschätzen können.

In Bezug auf die Schwerpunktsetzung sind die Aufgaben an die Rahmenpläne für die wirtschaftsbezogenen Qualifikationen im Fach Rechnungswesen der folgenden Abschlüsse angelehnt:

- Geprüfte Wirtschaftsfachwirte
- Geprüfte Industriefachwirte
- Geprüfte Fachwirte im Sozial- und Gesundheitswesen
- Geprüfte Technische Fachwirte
- Geprüfte Fachwirte im Gastgewerbe
- Geprüfte Tourismusfachwirte und
- Geprüfte Küchenmeister.

Die Anzahl der Aufgaben in den jeweiligen Teilbereichen orientiert sich an den Schwerpunkten der Prüfungsordnung.

Dieses Buch ist aber auch für alle anderen Fach- bzw. Betriebswirte sowie das betriebswirtschaftliche Grundstudium geeignet.

Die Klausuren gliedern sich grundsätzlich immer in einen Bereich mit Begriffserläuterungen und einen größeren Teil mit fallorientierten Berechnungen. Der Aufgaben-Mix in diesem Klausurentraining trägt dieser Verteilung Rechnung.

Im Anhang finden Sie ein Glossar mit rund 50 Fachbegriffen, die im Themengebiet Rechnungswesen von Bedeutung sind.

Ab der Frühjahrsprüfung 2013 sind bei IHK-Prüfungen keine handelsüblichen Formelsammlungen mit mehr oder weniger umfangreichen Erläuterungen mehr zugelassen. Es werden Ihnen dann in den Prüfungen die reinen Formeln als Anhang zur Verfügung gestellt.

Ich hoffe, dieses Buch hilft Ihnen, in das wichtige Fach Rechnungswesen einzutauchen, ein solides Grundverständnis zu erhalten und Ihr Wissen in der Praxis anzuwenden. Für Ihre Prüfung wünsche ich Ihnen viel Erfolg.

Frank Dolge
Rostock, im Dezember 2012

INHALTSVERZEICHNIS

Klausurentraining Weiterbildung 5
Vorwort 7
Inhaltsverzeichnis 9

1. Grundlegende Aspekte des Rechnungswesens

Aufgabe 1: Aufgaben des Rechnungswesens 13
Aufgabe 2: Teilbereiche des Rechnungswesens 13
Aufgabe 3: Abgrenzung Buchführung und Kosten- und Leistungsrechnung 13
Aufgabe 4: Allgemeine Buchführungsvorschriften nach Handels- und Steuerrecht 13
Aufgabe 5: Entscheidung über Buchführungspflicht nach Handels- und Steuerrecht 13
Aufgabe 6: Ziele der Buchführungspflichten 14
Aufgabe 7: Grundsätze ordnungsmäßiger Buchführung I 14
Aufgabe 8: Grundsätze ordnungsmäßiger Buchführung II 14
Aufgabe 9: Grundsätze ordnungsmäßiger Buchführung III 15
Aufgabe 10: Aufbewahrungsfristen, Anwendungen 15
Aufgabe 11: Spezielle Bewertungsprinzipien 15
Aufgabe 12: Anwendung spezieller Bewertungsprinzipien 16
Aufgabe 13: Stille und offene Rücklagen 16
Aufgabe 14: Imparitätsprinzip, Buchungsgrundsätze, Bücher der Buchführung 16

2. Finanzbuchhaltung

Aufgabe 1: Aufgaben der Finanzbuchhaltung 17
Aufgabe 2: Inventurvereinfachungsverfahren 17
Aufgabe 3: Inventar 17
Aufgabe 4: Bestandteile des Jahresabschlusses 18
Aufgabe 5: Grundaufbau der Bilanz 18
Aufgabe 6: Wertveränderungen in der Bilanz I 18
Aufgabe 7: Wertveränderungen in der Bilanz II 18
Aufgabe 8: Erstellung einer Bilanz I 19
Aufgabe 9: Erstellung einer Bilanz II 20
Aufgabe 10: Erstellung einer Bilanz III 20
Aufgabe 11: Begriffe in einer Bilanz 21
Aufgabe 12: Ermittlung Unternehmenserfolg I 22
Aufgabe 13: Ermittlung Unternehmenserfolg II 22
Aufgabe 14: Ermittlung Anschaffungskosten Grundstück 23

INHALTSVERZEICHNIS

Aufgabe 15: Ermittlung Anschaffungskosten Maschine, Ermittlung Abschreibung   24
Aufgabe 16: Berechnung von Herstellungskosten, Bewertung im Jahresabschluss   24
Aufgabe 17: Einfluss von Investitionen auf den Jahresabschluss   25
Aufgabe 18: Lifo-Methode, Gewogener Durchschnitt   26
Aufgabe 19: Bewertung Vorräte   26
Aufgabe 20: Mögliche Bewertung Geringwertiger Wirtschaftsgüter   27
Aufgabe 21: Geringwertige Wirtschaftsgüter, Anwendung   27
Aufgabe 22: Bewertung von Forderungen   27
Aufgabe 23: Rechnungsabgrenzungsposten   28
Aufgabe 24: Bewertung Wertpapiere Anlagevermögen vs. Umlaufvermögen   29
Aufgabe 25: Abgrenzung Rückstellung vs. Verbindlichkeiten   29
Aufgabe 26: Zuordnung Passiva   30

3. Kosten- und Leistungsrechnung

Aufgabe 1: Aufgaben der Kosten- und Leistungsrechnung   31
Aufgabe 2: Sachliche Abgrenzung   31
Aufgabe 3: Sachliche Abgrenzung vs. Zeitliche Abgrenzung   31
Aufgabe 4: Sachliche Abgrenzung I   31
Aufgabe 5: Sachliche Abgrenzung II   31
Aufgabe 6: Sachliche Abgrenzung III, Zuordnung Ergebnistabelle   32
Aufgabe 7: Sachliche Abgrenzung IV, Kalkulatorische Wagnisse und Miete   33
Aufgabe 8: Bilanzielle vs. Kalkulatorische Abschreibungen   34
Aufgabe 9: Berechnung Kalkulatorische Kosten I   34
Aufgabe 10: Berechnung Kalkulatorische Kosten II   34
Aufgabe 11: Grundbegriffe der Kosten- und Leistungsrechnung   35
Aufgabe 12: Kostenartenrechnung I   36
Aufgabe 13: Kostenartenrechnung II, Einteilung der Kosten   36
Aufgabe 14: Kostenartenrechnung III, Einteilung der Kosten   36
Aufgabe 15: Kostenermittlung   37
Aufgabe 16: Kostenartenrechnung IV, Kostenverläufe   38
Aufgabe 17: Kostenartenrechnung V   38
Aufgabe 18: Kostenartenrechnung VI, Differenz-Quotienten-Verfahren   39
Aufgabe 19: Aufgaben der Kostenstellenrechnung   39
Aufgabe 20: Kostenstellenrechnung, Verrechnung Gemeinkosten   39
Aufgabe 21: Betriebsabrechnungsbogen I   40
Aufgabe 22: Betriebsabrechnungsbogen II   41
Aufgabe 23: Betriebsabrechnungsbogen III, Ermittlung Zuschlagssätze   42

INHALTSVERZEICHNIS

Aufgabe 24: Kostenstellenrechnung mit Ist- bzw. Normalgemeinkosten	42
Aufgabe 25: Maschinenstundensatzrechnung I	43
Aufgabe 26: Maschinenstundensatzrechnung II	43
Aufgabe 27: Grundlagen Kostenträgerrechnung	44
Aufgabe 28: Grundlagen Kostenträgerstückrechnung I	44
Aufgabe 29: Grundlagen der Kostenträgerstückrechnung II	44
Aufgabe 30: Divisionskalkulation	44
Aufgabe 31: Äquivalenzziffernkalkulation I	45
Aufgabe 32: Äquivalenzziffernkalkulation II	45
Aufgabe 33: Äquivalenzziffernkalkulation III	46
Aufgabe 34: Zuschlagskalkulation I	47
Aufgabe 35: Zuschlagskalkulation II	47
Aufgabe 36: Zuschlagskalkulation III	48
Aufgabe 37: Zuschlagskalkulation IV	48
Aufgabe 38: Zuschlagskalkulation V	49
Aufgabe 39: Zuschlagskalkulation VI	50
Aufgabe 40: Handelskalkulation I	51
Aufgabe 41: Handelskalkulation II	51
Aufgabe 42: Handelskalkulation III	52
Aufgabe 43: Handelskalkulation IV, Angebotsvergleich	52
Aufgabe 44: Handelskalkulation V	52
Aufgabe 45: Handelskalkulation VI	53
Aufgabe 46: Grenzen der Vollkostenrechnung	54
Aufgabe 47: Anwendungsgebiete der Teilkostenrechnung	54
Aufgabe 48: Grundlagen Teilkostenrechnung	54
Aufgabe 49: Ermittlung Break-even-Point, Zusatzauftrag	55
Aufgabe 50: Grundlagen Teilkostenrechnung	55
Aufgabe 51: Break-even-Analyse	56
Aufgabe 52: Teilkostenrechnung, Gewinnschwellenanalyse	56
Aufgabe 53: Ermittlung Erlöse, Betriebsergebnis, Umsatzrendite	56
Aufgabe 54: Teilkostenrechnung, Ermittlung Erlöse, Break-even-Point	57
Aufgabe 55: Ermittlung Betriebsergebnis, Break-even-Point	57
Aufgabe 56: Einstufige Deckungsbeitragsrechnung in Mehrproduktunternehmen I	58
Aufgabe 57: Einstufige Deckungsbeitragsrechnung in Mehrproduktunternehmen II	58
Aufgabe 58: Einstufige Deckungsbeitragsrechnung, Ermittlung Verkaufspreis	59

4. Auswerten der betriebswirtschaftlichen Zahlen

Aufgabe 1: Adressaten des Jahresabschlusses	60
Aufgabe 2: Jahresabschlussanalyse, Betriebsvergleich	60
Aufgabe 3: Kennzahlen, EK-Rendite und EK-Quote	60
Aufgabe 4: Kennzahlen, EK-Rendite, GK-Rendite, Umsatzrendite	61
Aufgabe 5: Ermittlung Gewinn, Eigenkapitalrentabilität	62
Aufgabe 6: Kennzahlen, Leverage-Effekt (allgemein)	62
Aufgabe 7: Kennzahlen, Maßnahmen zur Steigerung	63
Aufgabe 8: Eigenkapitalrendite, Bewertung, Leverage-Effekt	63
Aufgabe 9: Ermittlung Gewinn, Eigen-/Gesamt- und Umsatzrentabilität	64

5. Planungsrechnung

Aufgabe 1: Planungsrechnung, Aufgaben	65
Aufgabe 2: Kostenplanung I	65
Aufgabe 3: Kostenplanung II	65
Aufgabe 4: Kostenplanung und Abweichungsanalyse	65

Lösungen zu den Aufgaben	67
Glossar	225
Stichwortverzeichnis	231

1. Grundlegende Aspekte des Rechnungswesens

Aufgabe 1: Aufgaben des Rechnungswesens

Erläutern Sie die drei wesentlichen Aufgaben, die das betriebliche Rechnungswesen im Unternehmen übernimmt und geben Sie je ein Beispiel.

Lösung s. Seite 67

Aufgabe 2: Teilbereiche des Rechnungswesens

Das betriebliche Rechnungswesen besteht aus den vier Teilbereichen

- Buchführung
- Kosten- und Leistungsrechnung
- Statistik und
- Planungsrechnung.

Beschreiben Sie den Inhalt der vier Teilbereiche und stellen Sie die Verknüpfung dar.

Lösung s. Seite 68

Aufgabe 3: Abgrenzung Buchführung und Kosten- und Leistungsrechnung

Grenzen Sie die Buchführung und die Kosten- und Leistungsrechnung anhand von vier Kriterien voneinander ab.

Lösung s. Seite 69

Aufgabe 4: Allgemeine Buchführungsvorschriften nach Handels- und Steuerrecht

Erläutern Sie allgemein die Buchführungsvorschriften nach Handels- und Steuerrecht.

Lösung s. Seite 69

Aufgabe 5: Entscheidung über Buchführungspflicht nach Handels- und Steuerrecht

Entscheiden Sie für die folgenden Fälle, ob eine Buchführungspflicht nach Handels- und/oder Steuerrecht besteht und geben Sie die Rechtsvorschrift an.

a) Die Mayer GmbH erzielt einen Umsatz von 400.000,00 € und einen steuerlichen Gewinn von 30.000,00 €.

b) Fritz Müller und Max Lehmann gründen im Dezember 2011 eine offene Handelsgesellschaft für den Vertrieb von Gartengeräten. Umsatz 1,5 Mio. €, steuerlicher Gewinn 200.000,00 €.

c) Erna Schulz arbeitete freiberuflich als Dichterin. Ihr Umsatz im abgelaufenen Geschäftsjahr beträgt 200.000,00 €, der steuerliche Gewinn betrug 30.000,00 €.

d) Hans Hansen ist freiberuflich als Steuerberater tätig, der Umsatz im abgelaufenen Geschäftsjahr betrug 1,5 Mio. €, der steuerliche Gewinn betrug 900.000,00 €.

e) Ludwig Harm hat im November 2011 ein Gewerbe angemeldet, um am Stadtrand aus einem umgebauten Wohnwagen Würstchen und Getränke zu verkaufen. Er ist nicht ins Handelsregister eingetragen. Der geplante Umsatz beträgt 100.000,00 €, der handels- und steuerliche Gewinn ca. 20.000,00 €.

Lösung s. Seite 71

Aufgabe 6: Ziele der Buchführungspflichten

Die Mayer GmbH ist nach Handels- und Steuerrecht buchführungspflichtig.

a) Erläutern Sie, welche Adressaten jeweils angesprochen werden sollen.

b) Welche Ziele verfolgt

- das Handelsrecht bzw.
- das Steuerrecht

mit den Buchführungspflichten?

Lösung s. Seite 71

Aufgabe 7: Grundsätze ordnungsmäßiger Buchführung I

Gemäß § 238 HGB hat jeder Kaufmann die Grundsätze ordnungsmäßiger Buchführung zu beachten. Der zentrale kodifizierte (gesetzlich geregelte) Grundsatz ist der Grundsatz der Vorsicht (§ 252 Abs. 1 Nr. 4 HGB).

Erläutern Sie den wesentlichen Inhalt dieses Grundsatzes.

Lösung s. Seite 72

Aufgabe 8: Grundsätze ordnungsmäßiger Buchführung II

Weitere Grundsätze ordnungsmäßiger Buchführung gemäß HGB sind u. a.:

- Grundsatz der Klarheit und Übersichtlichkeit
- Grundsatz der Bewertungsstetigkeit
- Grundsatz der Bilanzidentität
- Grundsatz der Periodenabgrenzung.

Erläutern Sie den Inhalt der jeweiligen Grundsätze.

Lösung s. Seite 73

Aufgabe 9: Grundsätze ordnungsmäßiger Buchführung III

Der Grundsatz der Einzelbewertung fordert, dass Vermögensgegenstände einzeln bewertet werden. Hiervon gibt es zahlreiche Ausnahmen.

Erläutern Sie drei Ausnahmen.

Lösung s. Seite 74

Aufgabe 10: Aufbewahrungsfristen, Anwendungen

Die Mayer GmbH ist buchführungspflichtig nach Handels- und Steuerrecht. Im Rahmen der Buchführung werden viele Unterlagen, Dokumente und Belege erstellt bzw. verarbeitet. Ein Mitarbeiter ist sich unsicher, für welche Dauer diese aufbewahrt werden müssen.

a) Erläutern Sie die Aufbewahrungspflichten (speziell Dauer und Beginn der Aufbewahrungsfrist) nach Handels- und Steuerrecht.

b) Entscheiden Sie in den nachfolgenden Fällen, wann die jeweiligen Unterlagen vernichtet werden können.

   1. Der Jahresabschluss der Mayer GmbH für 2010 wurde im Juni 2011 erstellt und veröffentlicht.
   2. Im Kassenbuch befindet sich eine Tankquittung über brutto 60,00 € vom 19.12.2009.
   3. Im Juni 2012 hat die Mayer GmbH 20 Handelsbriefe erhalten.
   4. Der Gesellschaftsvertrag wurde im Mai 1990 notariell beurkundet.

c) Welche Möglichkeiten der digitalen Aufbewahrung gibt es?

Lösung s. Seite 76

Aufgabe 11: Spezielle Bewertungsprinzipien

Vom Grundsatz der Vorsicht werden folgende spezielle Bewertungsprinzipien abgeleitet:

- Anschaffungswertprinzip,
- Niederstwertprinzip und
- Höchstwertprinzip.

Erläutern Sie die jeweiligen Bewertungsprinzipien und beschreiben Sie jeweils ein Beispiel.

Lösung s. Seite 77

Aufgabe 12: Anwendung spezieller Bewertungsprinzipien

Die Mayer GmbH kauft Anfang 2009 ein Grundstück in Rostock mit Anschaffungskosten in Höhe von 200.000,00 €, um hier ein Hotel zu betreiben.

Aufgrund von starken Regenfällen ist der Grundwasserspiegel gestiegen, sodass eine weitere Bebauung nicht mehr möglich ist, eine Verbesserung der Lage ist nicht erkennbar. Der Wert des Grundstücks sinkt laut Verkehrswertgutachten auf 80.000,00 € Ende 2010. Es wird von einer dauernden Wertminderung ausgegangen.

Die Stadt Rostock möchte die Gewerbetreibenden unterstützen. Sie legt die gesamten Grundstücke trocken und führt eine neue Erschließung im Jahr 2012 durch. Der Wert des Grundstücks der Mayer GmbH steigt laut Gutachten auf 250.000,00 €.

Wie wird das Grundstück in den Jahresabschlüssen der Mayer GmbH in den Jahren 2009 bis 2012 erfasst? Begründen Sie jeweils Ihre Entscheidung.

Lösung s. Seite 80

Aufgabe 13: Stille und offene Rücklagen

Im Rahmen der Jahresabschlussanalyse einer Kapitalgesellschaft werden häufig die Begriffe „offene Rücklagen (Reserven)" und „stille Rücklagen (Reserven)" verwendet.

a) Erläutern Sie jeweils an einem betrieblichen Beispiel die beiden Begriffe.

b) Welche Auswirkungen haben stille Reserven speziell bei der externen Jahresabschlussanalyse?

Lösung s. Seite 80

Aufgabe 14: Imparitätsprinzip, Buchungsgrundsätze, Bücher der Buchführung

Sie nehmen an einer Sitzung der Geschäftsleitung der Mayer GmbH teil. Im Rahmen des Treffens ergeben sich folgende Fragen, zu denen Sie Stellung nehmen sollen.

a) Erläutern Sie an einem Beispiel das Imparitätsprinzip.

b) Bei der Buchung von Geschäftsfällen muss sich die Mayer GmbH an bestimmte Buchungsgrundsätze halten. Erläutern Sie drei Grundsätze.

c) Nennen Sie die verschiedenen Bücher der Buchführung und erläutern Sie, was jeweils erfasst wird.

Lösung s. Seite 81

2. Finanzbuchhaltung

Aufgabe 1: Aufgaben der Finanzbuchhaltung

Welche Aufgaben übernimmt die Finanzbuchhaltung innerhalb des Rechnungswesens? Nennen Sie mindestens vier Aufgaben und erläutern Sie diese.

Lösung s. Seite 84

Aufgabe 2: Inventurvereinfachungsverfahren

Grundlage für die Erstellung des Jahresabschlusses ist die Durchführung einer Inventur.

Für die zeitliche Durchführung bietet der Gesetzgeber die Möglichkeit verschiedener Inventurvereinfachungsverfahren. Es werden 3 Verfahren unterschieden.

Erläutern Sie diese Verfahren.

Lösung s. Seite 86

Aufgabe 3: Inventar

Im Rahmen der Inventur wurden folgende Bestände an Vermögen und Schulden der Hans Hansen e. K. zum Abschlussstichtag ermittelt:

- Ostseesparkasse — 100.000 €
- Offene Lieferantenrechnungen
  - Meier GmbH — 75.000 €
  - Müller AG — 50.000 €
- Offene Kundenrechnungen
  - Frida Schmidt e. K. — 40.000 €
  - Ludwig GmbH — 70.000 €
- Gebäude — 250.000 €
- Darlehen gegenüber der DA-Bank — 100.000 €
- Verbindlichkeiten Krankenkasse — 10.000 €
- Kasse — 5.000 €
- Technische Anlagen — 50.000 €
- Fuhrpark — 30.000 €
- Vorräte
  - Rohstoffe — 10.000 €
  - Vorprodukte — 20.000 €

Erstellen Sie aus den vorgenannten Beständen ein übersichtlich gegliedertes Inventar.

Lösung s. Seite 87

Aufgabe 4: Bestandteile des Jahresabschlusses

Ein Kaufmann ist nach Handelsgesetzbuch (HGB) verpflichtet, Bücher zu führen. Zum Schluss eines Geschäftsjahres muss er einen Jahresabschluss aufstellen.

a) Welche Bestandteile hat der Jahresabschluss einer kleinen Kapitalgesellschaft?

b) Erläutern Sie jeweils die einzelnen Bestandteile des Jahresabschlusses aus Teilaufgabe a).

Lösung s. Seite 88

Aufgabe 5: Grundaufbau der Bilanz

Skizzieren Sie den Grundaufbau einer Bilanz. (vereinfachter Grundaufbau!)

Lösung s. Seite 89

Aufgabe 6: Wertveränderungen in der Bilanz I

Die Geschäftsvorfälle im Unternehmen haben Auswirkungen auf einzelne Bilanzposten. Hierbei werden unterschieden:

a) Aktivtausch
b) Passivtausch
c) Aktiv-/Passivmehrung
d) Aktiv-/Passivminderung.

Erläutern Sie jeweils an einem Beispiel die einzelnen Möglichkeiten der Wertveränderungen.

Lösung s. Seite 90

Aufgabe 7: Wertveränderungen in der Bilanz II

Entscheiden Sie für folgende Geschäftsfälle, ob es sich um

- einen Aktivtausch (1)
- einen Passivtausch (2)
- eine Aktiv-/Passivmehrung (3)
- eine Aktiv-/Passivminderung (4)

handelt (bitte ankreuzen!).

Geschäftsfall	(1)	(2)	(3)	(4)
Kauf eines Computers im Wert von 2.000 €. Zahlung bar.				
Umwandlung eines Lieferantenkredites in ein Darlehen. Höhe 50.000 €.				
Bezahlung einer gebuchten Eingangsrechnung in Höhe von 10.000 € per Banküberweisung.				
Aufnahme eines Darlehens in Höhe von 100.000 €. Die Auszahlung erfolgt auf das betriebliche Bankkonto.				
Ein Kunde zahlt seine offene Rechnung in Höhe von 1.000 € bar.				

Lösung s. Seite 92

Aufgabe 8: Erstellung einer Bilanz I

Ihnen liegen folgende Bestände des Einzelunternehmens Hans Hansen e. K. zum 31.12.2011 vor:

- Verbindlichkeiten aus LuL   180.000 €
- Betriebs- und Geschäftsausstattung   75.000 €
- Verbindlichkeiten Finanzamt   55.000 €
- Bank   70.000 €
- Fuhrpark   70.000 €
- Darlehen   150.000 €
- Kasse   15.000 €
- Grund und Boden   400.000 €
- Pensionsrückstellungen   125.000 €
- Gebäude   575.000 €
- Forderungen aus LuL   20.000 €
- Rohstoffe   10.000 €

a) Erstellen Sie aus den Beständen eine Schlussbilanz zum 31.12.2011, die den gesetzlichen Anforderungen des § 266 HGB genügt.

b) Das Eigenkapital zum 31.12.2010 betrug 650.000,00 €. Es sind keine Privateinlagen bzw. Privatentnahmen in 2011 getätigt worden. Ermitteln Sie für das Geschäftsjahr 2011 folgende Kennzahlen:

1. Eigenkapitalquote
2. Eigenkapitalrentabilität
3. Gesamtkapitalrentabilität (Fremdkapitalzinsen lt. GuV 10.000,00 €), bezogen auf das Endkapital
4. Umsatzrendite (Umsatz lt. GuV 10.000.000,00 €)

Lösung s. Seite 93

Aufgabe 9: Erstellung einer Bilanz II

Die Hans Hansen e. K. weist in ihrem Inventar zum 31.12.2011 folgende Gesamtwerte aus:

- Roh-, Hilfs- und Betriebsstoffe   520.000 €
- Verbindlichkeiten aus LuL   110.000 €
- Kassenbestand   8.000 €
- Forderungen aus LuL   80.000 €
- Grundstücke und Bauten   450.000 €
- Darlehensschulden   170.000 €
- Bankguthaben   106.0000 €
- Hypothekenschulden   270.0000 €
- Betriebs- und Geschäftsausstattung   180.000 €

a) Erstellen Sie eine ordnungsmäßig gegliederte Bilanz zum 31.12.2011.

b) Berechnen Sie zwei Kennzahlen zur Beurteilung der Finanzierung für die unter Teilaufgabe a) erstellte Bilanz und bewerten Sie diese.

c) Hans Hansen hat sein Anlagevermögen voll mit Eigenkapital finanziert. Welche Vorteile bietet dies?

Lösung s. Seite 96

Aufgabe 10: Erstellung einer Bilanz III

Hans Hansen betreibt in Wismar, in der Rechtsform einer Einzelunternehmung, einen Großhandel für Büromöbel.

Zum 31.12.2011 liegen folgende Informationen über den Bestand von Vermögensgegenständen und deren Finanzierung vor.

Vermögensgegenstand	Bestand 31.12.2011	Finanzierung, Stand 31.12.2011
Warenvorräte	50.000 €	70 % als Lieferantenkredit, 30 % Eigenfinanzierung
Grund und Boden	250.000 €	100 % Eigenfinanzierung
Forderungen aus Lieferungen und Leistungen	400.000 €	100 % Eigenfinanzierung
Transporter (Fahrzeug für Auslieferungen)	35.000 €	45 % als Darlehen, 55 % Eigenfinanzierung
Bank	100.000 €	20 % Verbindlichkeiten aus Umsatzsteuervoranmeldung, 20 % Verbindlichkeiten gegenüber Krankenkassen, 20 % Verbindlichkeiten Mitarbeiter, 40 % Eigenfinanzierung
Kasse	10.000 €	100 % Eigenfinanzierung
Gebäude	400.000 €	80 % Hypothekendarlehen, 20 % Eigenfinanzierung
Geschäftseinrichtung	70.000 €	60 % Darlehen, 40 % Eigenfinanzierung
PKW, Außendienst	50.000 €	50 % Darlehen, 50 % Eigenfinanzierung

a) Erstellen Sie aus den gegebenen Informationen eine ordentlich gegliederte Bilanz zum 31.12.2011.

b) Ermitteln Sie das Eigenkapital zum 31.12.2010, unter Verwendung der Daten aus Teilaufgabe a) und folgenden Annahmen für das Jahr 2011:

- nicht ausgeschütteter Gewinn   70.000 €
- Privatentnahmen   60.000 €
- Privateinlagen   15.000 €

Lösung s. Seite 98

Aufgabe 11: Begriffe in einer Bilanz

In der Bilanz einer Kapitalgesellschaft finden Sie u. a. folgende Begriffe:

a) Anlagevermögen

b) Umlaufvermögen

c) Eigenkapital

d) Gezeichnetes Kapital

e) Kapitalrücklage
f) Gewinnrücklage
g) Rückstellungen
h) Verbindlichkeiten.

Erläutern Sie die unterschiedlichen Begriffe.
Lösung s. Seite 100

Aufgabe 12: Ermittlung Unternehmenserfolg I

Hans Hansen betreibt eine Einzelunternehmung. Er ist nach Handels- und Steuerrecht buchführungspflichtig. Materialeinkäufe werden aufwandsorientiert gebucht. Im Dezember 2011 gab es u. a. folgende Geschäftsfälle:

1. Barverkauf (14.12.) von Erzeugnissen im Wert von netto 10.000,00 €.

2. Bareinkauf (16.12.) von Rohstoffen im Wert von 5.950,00 € inkl. 19 % Umsatzsteuer.

3. Bank schreibt am 30.12. Zinsen (Tagesgeldzinsen für Monat Dezember) in Höhe von 500,00 € auf unserem Bankkonto gut.

4. Am 20.12. bezahlt Hansen die Miete für die Büroräume für die Zeit von Dezember 2011 bis Februar 2012 i. H. von 1.500,00 €.

5. Die Dezemberzinsen für ein Darlehen der Einzelunternehmung in Höhe von 400,00 € werden am 05.01.2012 vom betrieblichen Bankkonto abgebucht.

a) Ermitteln Sie den Unternehmenserfolg für den Monat Dezember für die Einzelunternehmung Hans Hansen.

b) Grenzen Sie das Unternehmensergebnis vom Betriebsergebnis ab.

Lösung s. Seite 101

Aufgabe 13: Ermittlung Unternehmenserfolg II

Für die Einzelunternehmung Hans Hansen e. K. liegen Ihnen für das Geschäftsjahr 2011 folgende Daten aus Bilanz und Gewinn- und Verlustrechnung vor:

- Eigenkapital 31.12. vor Abschlussbuchungen   800.000 €
- Umsatzerlöse   2.500.000 €
- Zinserträge   50.000 €
- Materialaufwendungen   700.000 €
- Personalaufwendungen   1.250.000 €
- Abschreibungen   400.000 €

▸ Privatentnahmen	100.000 €
▸ Privateinlagen	70.000 €
▸ Liquide Mittel	400.000 €
▸ Verbindlichkeiten aus LuL	150.000 €

Privatentnahmen und Privateinlagen sind im vorläufigen Eigenkapital noch nicht enthalten.

a) Ermitteln Sie den Unternehmenserfolg des Geschäftsjahres 2011.

b) Ermitteln Sie den Schlussbestand des Eigenkapitals zum 31.12.2011 unter der Annahme, dass der unter Teilaufgabe a) ermittelte Unternehmenserfolg nicht ausgeschüttet wurde.

Lösung s. Seite 102

Aufgabe 14: Ermittlung Anschaffungskosten Grundstück

Die Mayer GmbH kauft im September 2012 ein Grundstück für 350.000,00 €. Die Grunderwerbssteuer beträgt 5 %. Die Maklercourtage wird mit 13.000,00 € + Umsatzsteuer in Rechnung gestellt, ein Gutachten über die Nutzungsmöglichkeit des Grundstücks mit 3.000,00 €.

Für die Vermessung des Grundstücks wurden 7.500,00 € + Umsatzsteuer gezahlt. Die notarielle Beurkundung wurde mit 2.500,00 € + Umsatzsteuer in Rechnung gestellt. Die Kosten für die Eintragung ins Grundbuch betrugen 1.500,00 €. Alle Rechnungen wurden bar oder sofort durch Banküberweisung beglichen.

Die Finanzierung des Grundstücks, Kreditbetrag 350.000,00 €, erfolgte über ein Grundschulddarlehen (6 % p. a.) durch die Hausbank der Mayer GmbH. Die Zinsen in 2012 betrugen 5.250,00 €. Das Unternehmen ist vorsteuerabzugsberechtigt.

a) Ermitteln Sie die Anschaffungskosten des Grundstücks.

b) Begründen Sie, welche Kosten im vorliegenden Fall nicht zu den Anschaffungskosten gehören.

Lösung s. Seite 103

Aufgabe 15: Ermittlung Anschaffungskosten Maschine, Ermittlung Abschreibung

Die Mayer GmbH aus Rostock hat am 25.01.2011 eine technische Anlage angeschafft. Der Listennettopreis beträgt 250.000,00 €. Der Lieferant, die TEMA AG, gewährt 10 % Rabatt auf den Listennettopreis.

Außerdem stellte die TEMA AG 5.000,00 € für die Überführung der Maschine nach Rostock und 3.000,00 € für den Starkstromanschluss, jeweils zzgl. 19 % Umsatzsteuer, in Rechnung.

Der Rechnungsbetrag (inkl. Nebenarbeiten) wurde am 30.01.2011 abzüglich 2 % Skonto per Banküberweisung gezahlt.

Die Anlage wurde durch ein Darlehen der Hausbank in Höhe von 200.000,00 € finanziert. Für das Jahr 2011 wurden 17.000,00 € an Zinsen gezahlt.

a) Ermitteln Sie nachvollziehbar die Anschaffungskosten der technischen Anlage.

b) Buchen Sie den Rechnungseingang.

c) Nennen Sie den Buchungssatz für die Zahlung der Rechnung am 30.01.

d) Die technische Anlage hat eine Nutzungsdauer von 10 Jahren. Ermitteln Sie die Abschreibung (lineare Methode) im Anschaffungsjahr und den Bilanzansatz zum 31.12.2011.

e) Nennen Sie den Buchungssatz für die Abschreibung.

f) Ermitteln Sie die Abschreibung im Jahr 2011, wenn das Anschaffungsdatum der 21.05.2011 wäre.

Lösung s. Seite 104

Aufgabe 16: Berechnung von Herstellungskosten, Bewertung im Jahresabschluss

Die Mayer GmbH ist ein mittelständisches Unternehmen der Möbelindustrie. Unter anderem werden Büroschränke aus Kiefernholz produziert. Am 31.12.2011 waren noch 200 fertig produzierte Büroschränke auf Lager.

Das Controlling hat über den Produktionsprozess folgende Daten zusammengestellt:

- Holzverbrauch pro Tisch   25 €
- Fertigungslohn pro Tisch   15 €
- Materialgemeinkosten   17 %

- Fertigungsgemeinkosten 75 %
- Verwaltungsgemeinkosten 15 %
- Vertriebsgemeinkosten 11 %
- Transportkosten zum Kunden 16 €

a) Ermitteln Sie den minimalen und maximalen Ansatz der Herstellungskosten pro Tisch und für alle 200 Tische. (Unterstellen Sie, dass das Handels- und Steuerrecht identisch sind.)

b) Nach welchem Bewertungsprinzip werden Vorräte im Rahmen des Jahresabschlusses bewertet.

Was würde dies für die Tische bedeuten. Erläutern Sie die Grundsätze. (Keine Berechnung)

Lösung s. Seite 105

Aufgabe 17: Einfluss von Investitionen auf den Jahresabschluss

Ein Unternehmen kauft im Januar 2012 eine Produktionsanlage. Es sind folgende Daten für den Anschaffungsvorgang bekannt: (alle Werte sind ohne Umsatzsteuer)

- Anschaffungspreis 200.000 €
- Transport 2.500 €
- Starkstromanschluss 1.000 €
- Fundament 6.500 €
- Nutzungsdauer 10 Jahre
- Kapazität 10.000 Stück pro Jahr
- Alle Rechnungen wurden sofort per Bankscheck (direkter Bankabgang) bezahlt

Für den laufenden Betrieb kommen zusätzlich ein Materialverbrauch von 5,00 € je Stück und ein Lohnsatz von 10,00 € je Stück hinzu.

a) Wie wirkt sich der Anschaffungsvorgang konkret auf die einzelnen Bestandteile des Jahresabschlusses und deren Positionen aus.

b) Wie wirkt sich der laufende Betrieb bei voller Kapazitätsauslastung konkret auf die einzelnen Bestandteile des Jahresabschlusses und deren Positionen aus.

Lösung s. Seite 106

Aufgabe 18: Lifo-Methode, Gewogener Durchschnitt

Die Mayer GmbH ist ein mittelständisches Unternehmen der Möbelindustrie. Unter anderem werden Büroschränke aus Kiefernholz produziert.

Am 31.12.2011 waren noch 150 m³ Kiefernholz im Lager. Es sind folgende Daten über den Einkauf des Kiefernholzes im Jahr 2011 aus der Buchhaltung zusammengestellt worden.

Anfangsbestand 01.01.2011	0 m³	
Zugang 21.01.2011	75 m³	Preis je m³ 5,50 €
Zugang 24.04.2011	50 m³	Preis je m³ 6,50 €
Zugang 08.07.2011	250 m³	Preis je m³ 7,50 €
Zugang 10.11.2011	150 m³	Preis je m³ 8,50 €

a) Berechnen Sie den wertmäßigen Bestand zum 31.12.2011 nach der Lifo-Methode.

b) Berechnen Sie den wertmäßigen Bestand zum 31.12.2011 nach dem gewogenen Durchschnitt.

Lösung s. Seite 107

Aufgabe 19: Bewertung Vorräte

Die Mayer GmbH ist ein mittelständisches Unternehmen der Möbelindustrie. Unter anderem werden Büroschränke aus Kiefernholz produziert. Am 31.12.2011 waren noch 300 m³ des Kiefernholzes im Lager. Da der Bestand nicht genau den Zugängen zuzuordnen ist, bewertet das Unternehmen nach Bewertungsvereinfachungsverfahren.

a) Bei der Bewertung des Kiefernholzes nach dem gewogenen Durchschnitt ergab sich

   ▸ Preis je m³ Kiefernholz nach dem gewogenen Durchschnitt   6,75 €
   ▸ Tagespreis Kiefernholz 31.12.2011 an der Holzbörse je m³   6,50 €

Wie werden die 300 m³ Kiefernholz im Rahmen des Jahresabschlusses bewertet? Begründen Sie Ihre Entscheidung.

b) Bei der Bewertung des Kiefernholzes nach der Lifo-Methode ergab sich ein

   ▸ Preis je m³ Kiefernholz nach der Lifo-Methode   6,00 €
   ▸ Tagespreis Kiefernholz 31.12.2011 an der Holzbörse je m³   6,50 €

Wie werden die 300 m³ Kiefernholz im Rahmen des Jahresabschlusses 2011 bewertet? Begründen Sie Ihre Entscheidung.

Lösung s. Seite 108

Aufgabe 20: Mögliche Bewertung Geringwertiger Wirtschaftsgüter

Die Bundesregierung hat zum Geschäftsjahr 2008 die Regelungen zu den Geringwertigen Wirtschaftsgütern geändert und den Sammelposten GWG eingeführt.

Zum Geschäftsjahr 2010 wurde die Regelung wieder aufgehoben und der Gesetzgeber überlässt es den Unternehmern, ob sie die „alte" Regelung (410 €-Regelung) oder die Sammelposten-Regelung nutzen.

Erläutern Sie beide Regelungen und erklären Sie, was Unternehmen hierbei beachten müssen.

Lösung s. Seite 108

Aufgabe 21: Geringwertige Wirtschaftsgüter, Anwendung

Im Dezember erwarb die Mayer GmbH für Ihr Großraumbüro verschiedene Vermögensgegenstände lt. folgender Rechnung:

Pos.	Beschreibung	EP	GP
1	2 Bürotische	400 €	800 €
2	2 Bürostühle	100 €	200 €
		Netto	1.000 €
		19 % Umsatzsteuer	190 €
		Brutto	**1.190 €**

Die weiteren Anforderungen an Rechnungen gem. § 14 Abs. 4 Umsatzsteuergesetz sind gegeben.

Stellen Sie dar, welche Möglichkeiten bei der Bewertung im Jahresabschluss 2011 bestehen.

Lösung s. Seite 110

Aufgabe 22: Bewertung von Forderungen

Bei der Mayer GmbH müssen im Rahmen der Jahresabschlussarbeiten noch die Forderungen aus Lieferungen und Leistungen bewertet werden. Die GmbH hat u. a. nachfolgende Sachverhalte noch nicht betrachtet. Umsatzsteuer 19 %.

1. An den Privatkunden Müller wurden im Dezember 2011 Produkte im Wert von brutto 11.900,00 € verkauft. Die Forderung war am 31.12.2011 noch nicht beglichen.

   Das Zahlungsziel lautete: Zahlung mit 3 % Skonto bis zum 20.12.2011, Zahlung ohne Abzüge bis zum 10.01.2012.

2. An den Privatkunden Schmidt wurden im September 2011 Produkte im Wert von 5.950,00 € (brutto) verkauft. Zahlungskonditionen: Zahlbar sofort netto.

   Der Kunde wurde insgesamt 3-mal durch das Unternehmen angemahnt. Die letzte Mahnung kam mit der Aufschrift „unbekannt verzogen" ins Unternehmen zurück.

3. An die Hansen GmbH wurden Erzeugnisse im Wert von brutto 59.500,00 € verkauft. Lieferdatum 25.10.2011, Zahlungsziel 10.11.2011 (Zahlung ohne Abzug).

   Bis zum 31.12.2012 gab es trotz mehrfacher Mahnungen keinen Zahlungseingang.

   Von Geschäftsfreunden erhielten Sie im Dezember die Information, dass ihr Kunde in Zahlungsschwierigkeiten ist, es wird mit einem Ausfall von 50 % der Forderung gerechnet.

4. Die Schmidt AG erhielt von uns im Januar 2011 Waren im Wert von brutto 23.800,00 €. Im September 2011 wurde das Insolvenzverfahren eröffnet.

   Der Insolvenzverwalter gibt im Dezember 2011 die Insolvenzquote bekannt. Sie beträgt 40 %. Der Restbetrag wurde durch den Insolvenzverwalter im Januar 2012 auf das betriebliche Bankkonto überwiesen.

a) Erläutern Sie grundsätzlich, wie Forderungen aus Lieferungen und Leistungen für die Bewertung im Rahmen der Jahresabschlussarbeiten eingeteilt werden können.

b) Bewerten Sie die Forderungen aus den vorliegenden Fällen und nennen Sie die Auswirkungen auf die Bilanz und die Gewinn- und Verlustrechnung.

   Gehen Sie aus Vereinfachungsgründen bei der Einzel- und Pauschalwertberichtigung von einem Anfangsbestand von 0,00 € aus.

Lösung s. Seite 111

Aufgabe 23: Rechnungsabgrenzungsposten

Die Bilanz der Mayer GmbH erfasst sowohl auf der Aktiv- als auch auf der Passiv-Seite Rechnungsabgrenzungsposten.

Diese stehen für einen wesentlichen Unterschied zwischen bilanzierenden Unternehmen und der Einnahmen-Überschuss-Rechnung.

a) Welcher Grundsatz ordnungsmäßiger Buchführung ist die Grundlage für Rechnungsabgrenzungsposten? Erläutern Sie diesen.

b) Was wird allgemein unter

   1. Aktiven Rechnungsabgrenzungsposten
   2. Passiven Rechnungsabgrenzungsposten erfasst?

c) Beschreiben Sie jeweils ein Beispiel für einen aktiven bzw. passiven Rechnungsabgrenzungsposten.

Lösung s. Seite 113

Aufgabe 24: Bewertung Wertpapiere Anlagevermögen vs. Umlaufvermögen

Die Mayer GmbH bilanziert zum einen Wertpapiere der Sonnen AG, die zur langfristigen Kapitalanlage dienen und Wertpapiere der Wind AG, die zur kurzfristigen Veräußerung gehalten werden. Beide Wertpapiergruppen wurden am 10.12.2011 angeschafft.

Die Mayer GmbH stellt den Jahresabschluss 2011 am 15.04.2012 auf, die beiden Wertpapiergruppen müssen noch bewertet werden.

Es liegen folgende Daten vor:

	Kurswert 10.12.2011	Kurswert 31.12.2011	Kurswert 15.04.2012
Sonnen AG	10.000 €	8.000 €	10.000 €
Wind AG	5.000 €	4.000 €	6.000 €

a) Unter welchen Bilanzposten werden die Wertpapiergruppen jeweils angesetzt.

b) Nehmen Sie Stellung dazu, mit welchem Wert die Wertpapiere jeweils in der Bilanz zum 31.12.2011 angesetzt werden. Die Mayer GmbH hat als eine betriebliche Zielsetzung die nachhaltige Gewinnmaximierung, die es zu beachten gilt.

Beschreiben Sie Ihr Vorgehen.

Lösung s. Seite 114

Aufgabe 25: Abgrenzung Rückstellung vs. Verbindlichkeiten

Im Jahresabschluss eines Unternehmens können sowohl Rückstellungen, als auch Verbindlichkeiten bilanziert werden.

a) Grenzen Sie Rückstellungen und Verbindlichkeiten kurz voneinander ab.

b) Beschreiben Sie jeweils zwei Beispiele für Rückstellungen bzw. Verbindlichkeiten.

Lösung s. Seite 115

Aufgabe 26: Zuordnung Passiva

Im Geschäftsjahr 2012 sind in der Mayer GmbH u. a. folgende Geschäftsfälle aufgetreten:

1. Der alleinige Gesellschafter Hans Mayer erhöht sein Haftungskapital um 50.000,00 €. Er zahlt den Betrag auf das betriebliche Bankkonto ein.

2. Die Prozesskosten für einen Rechtsstreit gegenüber einem Kunden werden auf 10.000,00 € geschätzt. Das Unternehmen geht davon aus, dass der Prozess verloren wird.

3. Der Jahresüberschuss in Höhe von 100.000,00 € wird nicht ausgeschüttet, sondern soll im Unternehmen verbleiben.

4. Die Mayer GmbH nimmt bei der Hausbank für notwendige Investitionen einen Kredit in Höhe von 150.000,00 € auf. Laufzeit 15 Jahre.

5. Auf Grundlage der Gewerbesteuererklärung wird die Abschlusszahlung an die Kommune ca. 10.000,00 € betragen.

6. Bei einem Lieferanten wurde Material im Wert von brutto 59.500,00 € auf Ziel gekauft.

7. Die Mieterin Frau Müller zahlte im Dezember die Januarmiete in Höhe von 1.000,00 € auf das Bankkonto ein.

Ordnen Sie die Werte der Geschäftsfälle in die unten aufgeführte Tabelle ein. Wird eine Zelle nicht benötigt tragen Sie „0 €" ein.

Geschäftsfall	Eigenkapital			Rückstellungen			Verbindlichkeiten		Passive Rechnungsabgrenzungsposten
	Gezeichnetes Kapital	Kapitalrücklage	Gewinnrücklage	für Pensionen	für Steuern	sonstige	langfristig	kurzfristig	
1.									
2.									
3.									
4.									
5.									
6.									
7.									

Lösung s. Seite 116

3. Kosten- und Leistungsrechnung

Aufgabe 1: Aufgaben der Kosten- und Leistungsrechnung
Nennen Sie vier Aufgaben der Kosten- und Leistungsrechnung und erläutern Sie diese.
Lösung s. Seite 117

Aufgabe 2: Sachliche Abgrenzung
Die erste Stufe der Kosten- und Leistungsrechnung bildet die Sachliche Abgrenzung.

Erläutern Sie das Wesen der Sachlichen Abgrenzung.
Lösung s. Seite 118

Aufgabe 3: Sachliche Abgrenzung vs. Zeitliche Abgrenzung
Im Bereich der Buchführung wird die Zeitliche Abgrenzung vorgenommen, in der Kosten- und Leistungsrechnung wird die Sachliche Abgrenzung durchgeführt. Beide werden oft verwechselt.

Erläutern Sie die jeweilige Anwendung.
Lösung s. Seite 119

Aufgabe 4: Sachliche Abgrenzung I
Die Mayer GmbH produziert verschiedene Büromöbel.

Bei der Sachlichen Abgrenzung werden die Aufwendungen und Erträge dahingehend untersucht, ob Sie betrieblich veranlasst sind oder nicht.

Die nicht betrieblich veranlassten Aufwendungen und Erträge werden eingeteilt in:

- neutrale Aufwendungen und
- neutrale Erträge.

Nennen Sie jeweils die vier Untergruppen der neutralen Aufwendungen und Erträge und geben Sie jeweils ein Beispiel an.
Lösung s. Seite 119

Aufgabe 5: Sachliche Abgrenzung II
Bei der Sachlichen Abgrenzung werden die Aufwendungen und Erträge dahingehend untersucht, ob Sie betrieblich veranlasst sind oder nicht.

Die betrieblich veranlassten Aufwendungen werden als Kosten bezeichnet. Nach der Verrechnung lassen sich die Kosten einteilen in

- Grundkosten,
- Anderskosten und
- Zusatzkosten.

Erläutern Sie jeweils diese Begriffe und nennen Sie je ein Beispiel.

Lösung s. Seite 121

Aufgabe 6: Sachliche Abgrenzung III, Zuordnung Ergebnistabelle

Hans Hansen betreibt in der Rechtsform einer Einzelunternehmung eine Möbelfabrik in Berlin.

Es werden hauptsächlich Büromöbel aus Kiefernholz hergestellt und direkt an die Kunden verkauft.

Im Rahmen der Sachlichen Abgrenzung sind noch folgende Konten aus der Gewinn- und Verlustrechnung aus der letzten Abrechnungsperiode zu begutachten.

1. Auf dem Konto „Umsatzerlöse aus eigenen Erzeugnissen" steht ein Saldo von 345.000,00 €.

2. Das Konto „Aufwendungen für Rohstoffe" hat einen Wert von 60.000,00 €. Der tatsächliche Marktwert der verbrauchten Rohstoffe beträgt 65.000,00 €.

3. Das Konto „Abschreibungen auf Sachanlagen" weist einen Betrag von 100.000,00 € aus.

   Dieser setzt sich zusammen aus 70.000,00 € Abschreibungen auf die Technischen Anlagen und Maschinen aus dem Fertigungsbereich und 30.000,00 € für die Abschreibung eines dem Betriebsvermögen zugehörenden vermieteten Gebäudes.

   Die kalkulatorische Abschreibung beträgt 80.000,00 €

4. Die Gehälter betrugen 50.000,00 €, davon entfielen 3.000,00 € auf das Gehalt des Hausmeisters im vermieteten Gebäude.

5. Die Fremdkapitalzinsen betrugen in der Abrechnungsperiode 4.500,00 €. Die kalkulatorischen Zinsen wurden mit 5.000,00 € verrechnet.

a) Vervollständigen Sie die nachfolgende Ergebnistabelle mit den jeweiligen Zahlenwerten für die einzelnen Geschäftsfälle.

Fall	Gewinn- und Verlustrechnung		Abgrenzungsbereich				Betriebsergebnisrechnung	
	Aufwand	Ertrag	Neutrale Aufwendungen	Neutraler Ertrag	Kostenrechnerische Korrektur		Kosten	Leistungen
					Aufwand lt. Fibu	Verrechnete Kosten		
1								
2								
3								
4								
5								

b) Ermitteln Sie das Unternehmensergebnis und das Betriebsergebnis.

c) Erläutern Sie die Differenz zwischen den beiden Ergebnissen aus Teilaufgabe b).

Lösung s. Seite 122

Aufgabe 7: Sachliche Abgrenzung IV, Kalkulatorische Wagnisse und Miete

Im Rahmen der Sachlichen Abgrenzung werden verschiedene Umrechnungen vorgenommen, u. a. in den Bereichen Miete und Wagnisse.

a) Die Miete kann im Rahmen der Kosten- und Leistungsrechnung als Grundkosten, Anderskosten oder als Zusatzkosten eingehen.

   Erläutern Sie dies jeweils an einem Beispiel.

b) 1. Für welche Bereiche können kalkulatorische Wagnisse gebildet werden?

   Nennen Sie 4 Bereiche.

   2. Welches Wagnis kann in der Kosten- und Leistungsrechnung nicht abgebildet werden?

Lösung s. Seite 123

Aufgabe 8: Bilanzielle vs. Kalkulatorische Abschreibungen

In der Buchführung werden bilanzielle Abschreibungen erfasst, in der Kosten- und Leistungsrechnung kalkulatorische Abschreibungen.

Grenzen Sie die beiden Abschreibungsmethoden anhand von 3 Kriterien voneinander ab.
Lösung s. Seite 125

Aufgabe 9: Berechnung Kalkulatorische Kosten I

Ein Unternehmen kaufte im Januar 2010 einen PKW mit Anschaffungskosten in Höhe von 30.000,00 €. Die betriebsgewöhnliche Nutzungsdauer beträgt 6 Jahre. Der Wiederbeschaffungswert des PKW im Jahr 2012 beträgt 36.000,00 €. Das Unternehmen rechnet mit einem unternehmensspezifischen Zinssatz von 8 %. Am Ende der Nutzungsdauer wird mit einem Liquidationserlös für den PKW in Höhe von 6.000,00 € gerechnet.

a) Errechnen Sie die kalkulatorischen Abschreibungen und Zinsen für den Monat Januar 2012.

b) Erläutern Sie, warum kalkulatorische Abschreibungen und kalkulatorische Zinsen in der Kosten- und Leistungsrechnung erfasst werden.

Lösung s. Seite 125

Aufgabe 10: Berechnung Kalkulatorische Kosten II

Aus der Buchführung der Hans Hansen e. K. liegen für das abgelaufene Geschäftsjahr folgende Daten vor.

Im letzten Geschäftsjahr wurde ein Umsatz von netto 1 Mio. € erzielt. Hiervon entfielen 20 % auf Bargeschäfte, die restlichen 80 % waren Zielverkäufe (es wurde den Kunden kein Skonto gewährt). Der Zahlungsausfall lag in den letzten Geschäftsjahren bei ca. 4 %.

Die Durchschnittsgehälter der leitenden Angestellten in der Einzelunternehmung betragen brutto 50.000,00 €, die Gehälter der allgemeinen Verwaltung liegen im Durchschnitt bei 30.000,00 € und im Vertrieb bei 35.000,00 €.

a) 1. Ermitteln Sie die kalkulatorischen Wagniskosten für die Zahlungsausfälle im abgelaufenen Geschäftsjahr.

    2. Die tatsächlichen Zahlungsausfälle im abgelaufenen Geschäftsjahr betrugen netto 28.000,00 €. Wie sind die Werte aus Sachverhalt 1 und 2 in der Ergebnistabelle zu erfassen?

    3. Begründen Sie Ihre Erfassung aus Teilaufgabe 2.

b) 1. Hans Hansen möchte in der Ergebnistabelle einen kalkulatorischen Unternehmerlohn einrechnen. Ist dies aus Sicht der Kosten- und Leistungsrechnung notwendig? Begründen Sie.

2. Machen Sie aus den Ihnen vorliegenden Daten einen begründeten Vorschlag über die Höhe des kalkulatorischen Unternehmerlohnes.

Lösung s. Seite 127

Aufgabe 11: Grundbegriffe der Kosten- und Leistungsrechnung

In der Mayer GmbH sind nachfolgende Fälle für den Monat August 2012 noch nicht betrachtet worden. Entscheiden Sie, ob durch die jeweiligen Sachverhalte

- Aufwendungen/Erträge
- Kosten/Leistungen
- Ausgaben/Einnahmen

verursacht werden.

Tragen Sie die entsprechenden Werte direkt in die Tabelle ein. Nicht genutzte Zellen sollen mit 0 € ausgefüllt werden. Aus Vereinfachungsgründen soll die Umsatzsteuer außer Betracht bleiben.

		Aufwand	Ertrag	Kosten	Leistung	Einnahme	Ausgabe
1.	Barverkauf von Erzeugnissen, netto 1.000 €						
2.	Kunde bezahlt eine Eingangsrechnung aus Juni 2012 per Banküberweisung, 5.000 €						
3.	Entnahme von Material aus dem Lager für die Produktion, Wert 300 €						
4.	Eingangsrechnung für Rohstoffe, netto 500 € Rohstoffe werden eingelagert						
5.	Barkauf von Büromaterial im Wert von 100 €						

Lösung s. Seite 129

Aufgabe 12: Kostenartenrechnung I

Im Rahmen der Kostenartenrechnung werden die Kosten u. a. eingeteilt nach der Zurechenbarkeit auf die Kostenträger in:

- Einzelkosten
- Sondereinzelkosten
- Gemeinkosten. = (BAB Bgre.)

Erläutern Sie die Begriffe und nennen Sie jeweils zwei Beispiele.
Lösung s. Seite 131

Aufgabe 13: Kostenartenrechnung II, Einteilung der Kosten

Die Kostenartenrechnung erfasst die Kosten periodengerecht und strukturiert diese nach verschiedenen Gesichtspunkten. Erläutern Sie jeweils die folgenden Kostenbegriffe:

a) Primärkosten, Sekundärkosten

b) Istkosten, Normalkosten, Plankosten

c) Vollkosten, Teilkosten

d) Nach welchen Gesichtspunkten sind die Kostenpaare der Teilaufgaben a-c) jeweils eingeteilt?

Lösung s. Seite 131

Aufgabe 14: Kostenartenrechnung III, Einteilung der Kosten

Die Mayer GmbH produziert u. a. Schreibtische aus Kiefernholz.

In der letzten Abrechnungsperiode sind folgende Geschäftsfälle bzw. Kostendaten erfasst worden.

1. Die Miete für die Lagerhalle in Höhe von 1.500,00 € wurde überwiesen.

2. Die Löhne für die Mitarbeiter in der Fertigung betrugen 25.000,00 €.

3. Die Abschreibung für die Maschinen in der Produktion wurde mit 10.000,00 € kalkuliert.

4. Der Verbrauch an Fertigungsmaterial betrug 30.000,00 €.

5. Die Verpackungskosten für die Auslieferung an die Kunden wurden mit 5.000,00 € erfasst.

6. Das Gehalt des Meisters (Kostenstellenverantwortlicher) in der Produktion betrug 3.500,00 €.

7. Die kalkulatorischen Zinsen für das Produktionsgebäude wurden mit 4.500,00 € verrechnet.

Füllen Sie die nachfolgende Kostentabelle aus. Tragen Sie die Eurowerte in die jeweilige Spalte ein. Tragen Sie in die nicht benötigten Zellen jeweils „0 €" ein.

Fall	Fixe Kosten	Variable Kosten	Einzelkosten/Sondereinzelkosten	Gemeinkosten
1.				
2.				
3.				
4.				
5.				
6.				
7.				

Lösung s. Seite 134

Aufgabe 15: Kostenermittlung

Im Produktionsbereich der Mayer GmbH wird eine Spezialmaschine eingesetzt. Für diese Maschine liegen folgende Daten vor:

- Anschaffungskosten im Jahr 2009 i. H. von 250.000,00 €
- Wiederbeschaffungswert im Jahr 2012 i. H. von 300.000,00 €
- Nutzungsdauer 10 Jahre
- Kalkulatorischer Zinssatz (unternehmensintern) 8 %
- Verbrauch von Betriebsstoffen je Maschinenstunde 0,50 €
- Stromverbrauch: Anschlusswert der Maschine 60 kWh, durchschnittliche Leistungsaufnahme 60 %, Verbrauchspreis je kWh 0,15 €, Grundpreis pro Quartal 100,00 €
- Versicherung 1.000,00 € pro Jahr
- Laufzeit pro Jahr 250 Tage á 2 Schichten.

a) Ermitteln Sie den Maschinenstundensatz gesamt pro Jahr bei o. g. Auslastung und unterscheiden Sie diesen in einen fixen und variablen Anteil.

b) Ermitteln Sie die Kosten je Maschinenstunde bei einer Laufzeit von 200 Tagen á 2 Schichten und bei einer Laufzeit von 150 Tagen á 2 Schichten.

c) Erläutern Sie, warum unterschiedliche Kostensätze bei den Laufzeiten entstehen.

Lösung s. Seite 135

Aufgabe 16: Kostenartenrechnung IV, Kostenverläufe

Die Mayer GmbH produziert in Rostock Büromöbel.

In der Versandabteilung befindet sich eine Verpackungsmaschine, welche die Büromöbel versandfertig verpackt. Die jährliche Abschreibung der Maschine beträgt 10.000,00 €. Pro Packvorgang wird Kartonage im Wert von 5,00 € verbraucht. Die jährliche Kapazität der Maschine beträgt 20.000 Packeinheiten.

a) Erläutern Sie anhand der Ausgangssituation die Begriffe

   1. variable Kosten

   2. fixe Kosten.

b) Ermitteln Sie in tabellarischer Form die fixen Gesamtkosten, die fixen Stückkosten, die variablen Stückkosten und die variablen Gesamtkosten für folgende Beschäftigungsmengen:

   1. 0 Stück

   2. 5.000 Stück

   3. 10.000 Stück

   4. 15.000 Stück

   5. 20.000 Stück.

c) Stellen Sie die unter Teilaufgabe b) ermittelten Daten jeweils in einem Diagramm da.

Lösung s. Seite 137

Aufgabe 17: Kostenartenrechnung V

Fixe Kosten stellen in vielen Unternehmen einen großen Kostenblock dar. Im Rahmen der Kostenrechnung treten häufig die Begriffe Fixkostendegression und Kostenremanenz auf.

a) Erläutern Sie den Begriff Fixkostendegression bzw. Kostendegression der Fixkosten.

b) Stellen Sie die Fixkostendegression anhand eines selbst gewählten Beispiels in einem Diagramm dar.

c) Beschreiben Sie anhand eines Beispiels den Begriff Kostenremanenz.

Lösung s. Seite 140

Aufgabe 18: Kostenartenrechnung VI, Differenz-Quotienten-Verfahren

Die Mayer GmbH produziert Büromöbel.

Im Januar 2012 betrug der Beschäftigungsgrad 20 %, dies entsprach 15.000 Stück. Die Gesamtkosten betrugen 187.500,00 €. Im Monat Februar 2012 betrugen die Gesamtkosten 525.000,00 €, der Auslastungsrad betrug 80 %.

Es wird ein linearer Kostenverlauf unterstellt.

a) Ermitteln Sie aus den o. g. Daten die fixen Gesamtkosten und die variablen Stückkosten.

b) Geben Sie die Kostenfunktion für das Unternehmen an.

c) Ermitteln Sie die Gesamtkosten bei einem Beschäftigungsgrad von 50 %.

Lösung s. Seite 141

Aufgabe 19: Aufgaben der Kostenstellenrechnung

Die Kostenstellenrechnung stellt die zweite Stufe der Vollkostenrechnung da.

a) Definieren Sie „Kostenstelle" und nennen Sie ein Beispiel aus ihrer betrieblichen Praxis.

b) Nennen Sie drei Aufgaben der Kostenstellenrechnung und erläutern Sie diese.

Lösung s. Seite 142

Aufgabe 20: Kostenstellenrechnung, Verrechnung Gemeinkosten

Die Gemeinkosten werden unterschieden in

- Kostenstellen-Einzelkosten und
- Kostenstellen-Gemeinkosten.

a) Erläutern Sie die beiden Begriffe und nennen Sie je zwei Beispiele.

b) Nach welchen Schlüsseln können Kostenstellen-Gemeinkosten auf die Kostenstellen verteilt werden?

c) Machen Sie konkrete Vorschläge, wie die unter Teilaufgabe a) genannten Kostenstellen-Gemeinkosten auf die Kostenstellen verteilt werden können.

Lösung s. Seite 144

Aufgabe 21: Betriebsabrechnungsbogen I

Sie sind Mitarbeiter der Mayer GmbH. Das Unternehmen gliedert sich in sechs Kostenstellen:

		Kostenstellennummer
Allgemeine Kostenstelle	Fuhrpark	1
Hauptkostenstelle	Material	2
Fertigungshilfskostenstelle	Arbeitsvorbereitung	3
Hauptkostenstelle	Fertigung I	4
Hauptkostenstelle	Fertigung II	5
Hauptkostenstelle	Verwaltung/Vertrieb	6

Ihnen liegt der nachfolgende unvollständige Betriebsabrechnungsbogen vor:

		Kostenstellen (alle Angaben in €)					
	Summe	1	2	3	4	5	6
Gemeinkostenmaterial	30.000	10.000	2.000	5.000	7.000	5.000	1.000
Gehälter	50.000	5.000	3.000	6.000	3.000	3.000	30.000
Reinigung	15.000						
Büromaterial	5.000	500	250	750	500	250	2.750
Kalk. Zinsen	70.000						
Summe Gemeinkosten	170.000						
Umlage Fuhrpark							
Zwischensumme							
Umlage Arbeitsvorbereitung							
Stellengemeinkosten							
Zuschlagsbasis			100.000		36.000	55.000	
Zuschlagssatz							

Zusätzliche Informationen:

Verteilung Allgemeine Kostenstelle „Reinigung" nach Quadratmetern

Kostenstellen					
1	2	3	4	5	6
100 m²	70 m²	30 m²	100 m²	120 m²	80 m²

Verteilung „kalkulatorische Zinsen" nach gebundenem Kapital

Kostenstellen					
1	2	3	4	5	6
500.000 €	150.000 €	130.000 €	400.000 €	400.000 €	420.000 €

Verteilung Fuhrpark auf die nachfolgenden Kostenstellen im Verhältnis 2:3:3:1:6
Verteilung Arbeitsvorbereitung auf die Fertigungshauptkostenstellen 2:3

a) Führen Sie die Aufteilung der Gemeinkostenarten Reinigung und kalkulatorische Zinsen durch und ermitteln Sie die Summe der Gemeinkosten je Kostenstelle.

b) Führen Sie die Umlage der Allgemeinen Kostenstelle Fuhrpark und der Fertigungshilfskostenstelle Arbeitsvorbereitung durch und ermitteln Sie die Werte der Zeile „Stellengemeinkosten".

c) Ermitteln Sie die Gemeinkostenzuschlagssätze der Hauptkostenstellen.

Lösung s. Seite 145

Aufgabe 22: Betriebsabrechnungsbogen II

Ihnen liegt folgender Auszug aus einem Betriebsabrechnungsbogen vor (alle Werte in Euro):

	AKS[1] Fuhrpark	AKS[1] Küche	HKS[2] Material	Fertigung I	Fertigung II	Verwaltung	Vertrieb
Summe der Gemeinkosten	15.000	19.000	35.000	40.000	120.000	38.000	26.000
Zuschlagsgrundlage			110.000	85.000	60.000		

[1] AKS = Allgemeine Kostenstelle
[2] HKS = Hauptkostenstelle

Zusätzliche Informationen:

- Die AKS Fuhrpark ist mit dem Schlüssel 3:2:2:4:2:3, die AKS Küche mit dem Schlüssel 2:2:3:4:2 zu verteilen.
- Es wird das Stufenleiterverfahren verwendet.
- Bestände Unfertige Erzeugnisse/Fertige Erzeugnisse

    Anfangsbestände: Unfertige Erzeugnisse   10.000 €
                                      Fertige Erzeugnisse   30.000 €

    Schlussbestände: Unfertige Erzeugnisse   25.000 €
                                      Fertige Erzeugnisse   17.000 €

a) Ermitteln Sie die Zuschlagssätze.

b) Ermitteln Sie die Selbstkosten des Umsatzes.

Lösung s. Seite 148

Aufgabe 23: Betriebsabrechnungsbogen III, Ermittlung Zuschlagssätze

In einer Abrechnungsperiode wurden Fertigungslöhne in Höhe von 400.000,00 € gezahlt und der Materialverbrauch lag bei 230.000,00 €.

An Gemeinkosten sind folgende Beträge angefallen:

- Materialgemeinkosten   21.000 €
- Fertigungsgemeinkosten   610.000 €
- Verwaltungsgemeinkosten   120.000 €
- Vertriebsgemeinkosten   95.000 €.

Im Bereich der fertigen Erzeugnisse gab es eine Bestandserhöhung von 20.000,00 €, bei den unfertigen Erzeugnissen gab es keine Bestandsveränderungen.

Ermitteln Sie zu den jeweiligen Gemeinkosten die Zuschlagssätze.

Lösung s. Seite 150

Aufgabe 24: Kostenstellenrechnung mit Ist- bzw. Normalgemeinkosten

Der Betriebsabrechnungsbogen kann zum einen mit Istkosten oder mit Normalkosten aufgestellt werden. In diesem Zusammenhang sind von der Geschäftsleitung offene Fragen aufgetreten, die Sie erläutern sollen.

a) Grenzen Sie die Istkosten von den Normalkosten ab.

b) Unterscheiden Sie zwischen Unternehmens-, Betriebs- und Umsatzergebnis. Gehen Sie bei Ihren Ausführungen auch auf Kostenstellenüber- bzw. unterdeckungen ein.

Lösung s. Seite 151

Aufgabe 25: Maschinenstundensatzrechnung I

Für einen Fertigungsautomaten liegen Ihnen folgende Daten vor:

Anschaffungskosten	2,4 Mio. €
Wiederbeschaffungswert	2,5 Mio. €
Nutzungsdauer	10 Jahre
betriebsinterner Kalkulationszins	7 %
Restwert nach Nutzungsdauer	400.000 €
Laufzeit	11 Monate á 20 Arbeitstage á 2 Schichten
Stromverbrauch	70 KW pro Maschinenstunde á 0,17 € Grundpreis je Monat 100 €
Betriebsstoffverbrauch	2,40 € je Maschinenstunde
Instandhaltung	3,5 % vom Wiederbeschaffungswert

Ermitteln Sie für den Fertigungsautomaten den Maschinenstundensatz.
Lösung s. Seite 152

Aufgabe 26: Maschinenstundensatzrechnung II

Im Fertigungsbereich eines Produktionsunternehmens wurden in der letzten Abrechnungsperiode 100.000,00 € Fertigungslöhne und 300.000,00 € Fertigungsgemeinkosten erfasst.

a) Ermitteln Sie den Fertigungsgemeinkostenzuschlagssatz.

b) Ein Großteil der Gemeinkosten im Fertigungsbereich wird durch einen Industrieroboter verursacht.

   Die Unternehmensleitung möchte die Gemeinkosten verursachungsgerechter verteilen.

   Sie werden daher beauftragt auf Basis der nachfolgenden Daten den unter Teilaufgabe a) ermittelten Gemeinkostenzuschlagssatz in einen Restgemeinkostenzuschlagssatz und einen Maschinenstundensatz aufzuteilen.

   Kosten der Maschine für die abgelaufene Abrechnungsperiode:
   Maschinenlaufzeit 2.000 Stunden, Kalkulatorische Abschreibung 50.000,00 €, kalkulatorische Zinsen 20.000,00 €, sonstige fixe kalkulatorische Kosten 40.000,00 €, variable Kosten je Maschinenstunde 20,00 €

Lösung s. Seite 154

Aufgabe 27: Grundlagen Kostenträgerrechnung

Nennen Sie drei Aufgaben der Kostenträgerrechnung und erläutern Sie diese.

Lösung s. Seite 155

Aufgabe 28: Grundlagen Kostenträgerstückrechnung I

Die Kostenträgerstückrechnung kann als Vor-, Zwischen- und Nachkalkulation durchgeführt werden.

Erläutern Sie, welches Datenmaterial jeweils verwendet wird und welche Zielsetzungen mit den einzelnen Arten der Kostenträgerstückrechnung verfolgt werden.

Lösung s. Seite 157

Aufgabe 29: Grundlagen der Kostenträgerstückrechnung II

Ein großer Bereich der Kostenträgerstückrechnung ist der Bereich der Industriekalkulationen. Hierbei werden verschiedene Kalkulationsverfahren unterschieden.

Nennen Sie vier Kalkulationsverfahren aus dem Bereich der Industriekalkulationen und beschreiben Sie, wann sie zur Anwendung kommen.

Lösung s. Seite 158

Aufgabe 30: Divisionskalkulation

Ein Unternehmen, welches ein Produkt in Masse herstellt, hat folgende Kosten für die letzte Abrechnungsperiode ermittelt:

- Fertigungsmaterial   10.000 €
- Fertigungslöhne   55.000 €
- Verbrauch von Hilfsstoffen   20.000 €
- Abschreibung von Fertigungsmaschinen   30.000 €
- Gehälter der Verwaltung   45.000 €
- Gehälter für den Vertriebsbereich   15.000 €.

a) Ermitteln Sie die Kosten je Stück, wenn Produktionsmenge = Absatzmenge (20.000 St.) ist.

b) Ermitteln Sie die Kosten je Stück, wenn die Produktionsmenge 20.000 St. und die Absatzmenge 30.000 St. beträgt.

Lösung s. Seite 159

Aufgabe 31: Äquivalenzziffernkalkulation I

Ein Unternehmen produziert in Form der Sortenfertigung 4 Arten Bonbons:

- mini
- maxi
- large
- extralarge.

Die Sorten unterscheiden sich durch das Gewicht:

- mini   10 Gramm
- maxi   12 Gramm
- large   15 Gramm
- extralarge   20 Gramm.

Die Produktionsmengen betrugen für:

- mini   20.000 Stück
- maxi   15.000 Stück
- large   10.000 Stück
- extralarge   5.000 Stück.

Die Gesamtkosten der Produktion beliefen sich auf 31 500 €.

Ermitteln Sie die Kosten je Sorte und Stück.
Lösung s. Seite 160

Aufgabe 32: Äquivalenzziffernkalkulation II

Ein Unternehmen produziert vier Sorten Fertiggerichte mit folgenden Mengen:

- Nudeln mit Tomatensoße (Produkt 1)   5.000 Stück
- Kartoffelstampf mit Fleischklößchen (Produkt 2) 3.500 Stück
- Gulaschsuppe (Produkt 3)   4.000 Stück
- Reis mit Bohnen (Produkt 4)   2.000 Stück.

Der Materialeinsatz für die jeweiligen Fertiggerichte beträgt:

- Produkt 1   3,50 €
- Produkt 2   2,90 €
- Produkt 3   2,75 €
- Produkt 4   3,15 €.

Der Umluftofen, der für den Garprozess verantwortlich ist, verursachte Kosten in Höhe von 34.500,00 €, für alle produzierten Fertiggerichte. Die Fertigungszeit je Produkt beträgt:

- Produkt 1   4 Minuten
- Produkt 2   6 Minuten
- Produkt 3   3 Minuten
- Produkt 4   8 Minuten.

Weitere Kosten sind nicht angefallen.

Ermitteln Sie nachvollziehbar die Selbstkosten je Stück mit Hilfe der Äquivalenzziffernkalkulation.

Lösung s. Seite 162

Aufgabe 33: Äquivalenzziffernkalkulation III

Die Mayer GmbH stellt unter anderem Tischplatten aus Kiefernholz geölt her, die an Großhändler weiterverkauft werden.

Die Tischplatten werden aus genormten Holzblöcken 60 cm breit 3 cm dick auf Länge geschnitten und danach von Mitarbeitern geölt.

Die gesamten Materialkosten im Dezember 2011 an Holzblöcken betrug 61.000,00 €. Im Fertigungsbereich „Ölen" betrugen die gesamten Fertigungskosten 20.312,50 €.

Es wurden drei Sorten Tischplatten produziert und verkauft:

Sorte	Länge in cm	Fertigungszeit in min	Menge in Stück
SMALL	60	2	100
MIDI	100	5	125
LONG	150	10	80

Die Verwaltungs- und Vertriebskosten betrugen 5.124,00 €. Das Kostenverhältnis ergibt sich aus der abgesetzten Menge.

Ermitteln Sie die Selbstkosten je Sorte und Stück.

Lösung s. Seite 163

Aufgabe 34: Zuschlagskalkulation I

Ein Industriebetrieb stellt 100 Büroschränke her.

Ermitteln Sie mit nachfolgenden Daten den Verkaufspreis netto für einen Schrank.

- Fertigungsmaterial für 100 Schränke   1.500 €
- Fertigungslöhne für 100 Schränke   1.200 €
- Sondereinzelkosten des Vertriebs   400 €.

Zuschlagssätze:

- Material   19 %
- Fertigung   155 %
- Verwaltung   17 %
- Vertrieb   8 %
- Gewinn   29 %
- Skonto   3 %
- Vertreterprovision   15 %
- Rabatt   35 %.

Lösung s. Seite 167

Aufgabe 35: Zuschlagskalkulation II

Ein Industriebetrieb konnte eine Maschine zum Bruttoverkaufspreis 4.670,00 € inkl. 19 % Umsatzsteuer verkaufen.

Für die Produktion fielen folgende Kosten an:

- Fertigungsmaterial   1.200 €
- Fertigungslöhne   200 €
- Sondereinzelkosten des Vertriebs   50 €.

Zuschlagssätze:

- Material   18 %
- Fertigung   125 %
- Verwaltung   8 %
- Vertrieb   16 %
- Skonto   3 %
- Vertreterprovision   12 %
- Rabatt   16 %.

Ermitteln Sie den Gewinn in Euro und Prozent.

Lösung s. Seite 168

Aufgabe 36: Zuschlagskalkulation III

Ein Industriebetrieb verkauft ein Produkt für netto 7.000,00 €.

Es werden dem Kunden 14 % Rabatt und 4 % Skonto gewährt. An den Außendienst sind 3 % Provision zu zahlen.

Der Gewinn beträgt 15 %. Das Unternehmen rechnet mit Gemeinkosten für Verwaltung i. H. von 14 %, Vertrieb i. H. von 7 %, Fertigung i. H. von 278 % und Material i. H. von 40 %. Die Fertigungslöhne betrugen 100,00 €.

Wie hoch darf maximal der Fertigungsmaterialeinsatz sein?
Lösung s. Seite 169

Aufgabe 37: Zuschlagskalkulation IV

Die Mayer GmbH ist ein mittelständisches Unternehmen der Möbelindustrie. Das Unternehmen produziert u. a. auch Schreibtische aus Metall mit einer Glasplatte.

Der Produktionsprozess besteht aus drei Bereichen

- **Gestelle** (Hier werden die einzelnen Metalluntergestelle der Schreibtische gefertigt)
- **Glas** (Hier werden die Glasplatten für die Schreibtische zugeschnitten und bearbeitet)
- **Endmontage** (Hier werden aus den Gestellen und den Glasplatten die fertigen Schreibtische gefertigt)

In allen drei Fertigungsbereichen wird der Stundenverrechnungssatz in Höhe von 30,00 € je Stunde angesetzt.

Der laufende Meter Metallgestänge kann zum Preis von 5,00 € beschafft werden, pro m² Glas (Stärke 4 cm) werden 25,00 € gezahlt.

Sie sollen den Verkaufspreis (brutto, inklusive 19 % Umsatzsteuer) für den Schreibtisch „Big" kalkulieren. folgende Werte liegen Ihnen vor:

Materialverbrauch:

- Glas   3 m²
- Metallgestänge   11 laufende Meter
- Produktionszeit   „Gestelle"   30 min
                      „Glas"   10 min
                      „Endmontage"   20 min.

Zuschlagssätze:

- Material   13 %
- Fertigung Gestelle   110 %
- Fertigung Glas   50 %
- Fertigung Endmontage   40 %
- Verwaltung   15 %
- Vertrieb   7 %
- Gewinn   25 %
- Skonto   3 %
- Rabatt   20 %
- Umsatzsteuer   19 %.

Damit die Glastische sicher bei den Kunden ankommen, wird eine extra Transportverpackung verwendet, Kosten netto 10,00 € je Tisch.

Verwenden Sie für die Kalkulation ein ordnungsgemäßes Schema.

Lösung s. Seite 171

Aufgabe 38: Zuschlagskalkulation V

Die Mayer GmbH verkauft u. a. selbst erstellte Stehpulte an Privatkunden für Brutto 599,00 € (19 % Umsatzsteuer).

Durchschnittlich werden den Kunden 7 % Rabatt und 3 % Skonto eingeräumt. Der Vertrieb wird über einen Handelsvertreter organisiert, der durchschnittlich 12 % Provision erhält.

Für die Produktion fallen Materialkosten i. H. von 150,00 € und Fertigungskosten i. H. von 105,00 € an.

Der Verwaltungsgemeinkostenzuschlagssatz beträgt 15 %. An Verpackungskosten werden pro Stehpult 5,00 € angesetzt.

a) Ermitteln Sie die Selbstkosten für ein Stehpult.

b) Ermitteln Sie den Gewinn in Euro und Prozent für ein Stehpult.

Lösung s. Seite 172

Aufgabe 39: Zuschlagskalkulation VI

Die Mayer GmbH produziert Einbauschränke, speziell auf Kundenwünsche abgestimmt.

Für die Herstellung und den Vertrieb der Einbauschränke werden folgende Kostenstellen beansprucht:

- Material
- Zuschnitt (Präzisionszuschnitt durch eine Zuschnitt-Maschine)
- Montage I (vollautomatisch)
- Montage II (Schleifen und Lackieren per Hand)
- Montage III (Einbau vor Ort)
- Verwaltung/Vertrieb.

Die Computer AG möchte für einen Auftrag über 20 Einbauschränke (3,5m x 3 m) ein verbindliches Angebot von Ihnen.

Für 1 Einbauschrank wird für die Regale Material i. H. von 150,00 € und für die Türen Material i. H. von 100,00 € verbraucht.

Der Zuschnitt erfolgt für 5 Einbauschränke gleichzeitig und dauert 45 Minuten. Der Maschinenstundensatz der Zuschnitts-Maschine beträgt 120,00 €.

Die Montage in der Kostenstelle „Montage I" dauert pro Einbauschrank 10 Minuten. Der Maschinenstundensatz beträgt 50,00 €.

Das Schleifen und Lackieren dauert pro Schrank 30 Minuten, der Lohnsatz je Stunde beträgt 30,00 €.

Für den Einbau vor Ort (Montage III) wird ein Pauschalpreis pro Einbauschrank von 100,00 € veranschlagt.

Das Unternehmen kalkuliert mit folgenden Normalzuschlagssätzen:

- Material   15 %
- Montage II   95 %
- Verwaltung   17 %
- Vertrieb   11 %
- Gewinn   20 %
- Rabatt   20 %.

Ermitteln Sie für einen und für alle zwanzig Einbauschränke den Angebotspreis, netto.
Lösung s. Seite 173

Aufgabe 40: Handelskalkulation I

Ein Elektronikeinzelhändler verkauft u. a. Fernseher (inkl. 19 % Umsatzsteuer).

a) Ermitteln Sie aus den folgenden Daten den Bruttoverkaufspreis:

- Listeneinkaufspreis netto   600 €
- Lieferantenskonto   3 %
- Kundenskonto   2 %
- Kundenrabatt   15 %
- Lieferantenrabatt   35 %
- Handlungskosten   50 %
- Bezugskosten   15 €
- Gewinn   35 %
- Vertreterprovision   8 %.

b) Ermitteln Sie aus der Teilaufgabe a)

- den Kalkulationsfaktor
- den Kalkulationszuschlag
- die Handelsspanne.

Lösung s. Seite 176

Aufgabe 41: Handelskalkulation II

Ein Mitbewerber bietet eine LED-Fernseher zum Bruttopreis inkl. 19 % Umsatzsteuer für 1.499,00 € an.

Ermitteln Sie den Listeneinkaufspreis netto, wenn wir den Fernseher zum gleichen Preis anbieten wollen und folgende Daten unterstellt werden:

- Lieferantenskonto   4 %
- Kundenskonto   3 %
- Kundenrabatt   17 %
- Lieferantenrabatt   30 %
- Handlungskosten   25 %
- Bezugskosten   5 €
- Gewinn   35 %
- Vertreterprovision   9 %.

Lösung s. Seite 177

Aufgabe 42: Handelskalkulation III

Ein Einzelhändler verkauft TV-Geräte für brutto 999,99 € (inkl. 19 %) an Endverbraucher. Er gewährt im Durchschnitt 10 % Rabatt und 3 % Skonto. Der Handlungskostenzuschlag beträgt 80 %. Die Handelsspanne beträgt 60 %.

Ermitteln Sie den Gewinn in Euro und Prozent.
Lösung s. Seite 178

Aufgabe 43: Handelskalkulation IV, Angebotsvergleich

Die Möbelfabrik Hansen produziert Büromöbel aus Kiefernholz.

Zur Erweiterung des Sortiments sollen zusätzlich zu den selbst produzierten Schreibtischen auch Schreibtischunterlagen angeboten werden.

Diese sollen fremd bezogen und unverändert verkauft werden. Für den nächsten Monat sollen 300 Schreibtischunterlagen beschafft werden.

Es liegen zwei Angebote mit folgenden Daten vor:

Angebot A: 12 Kartons, je Karton 25 Schreibtischunterlagen, Listeneinkaufspreis netto je Karton 116,00 €, Lieferantenrabatt 28 %, Lieferskonto 4 %, Fracht 9,50 €/Karton, Rollgeld 45,30 €.

Angebot B: 15 Kartons, je Karton 20 Schreibtischunterlagen, Listeneinkaufspreis netto je Karton 90,00 €, Lieferantenrabatt 20 %, Lieferskonto 3 %, Rollgeld 42,80 €

Ermitteln Sie den Bezugspreis je Schreibtischunterlage für die Angebote A und B in tabellarischer Form.
Lösung s. Seite 180

Aufgabe 44: Handelskalkulation V

Sie sind Mitarbeiter/-in eines Handelsunternehmens für EDV-Technik. Sie sollen eine Anfrage eines großen mittelständischen Unternehmens bearbeiten.

Das Unternehmen erwartet ein Komplettangebot für 20 PC-Systeme, bestehend aus PC-Tower, 17 Zoll Monitor und Drucker.

Die Listeneinkaufspreise für die einzelnen Komponenten und die gewährten Lieferantenrabatte betragen:

	Listeneinkaufspreis, netto	Lieferrabatt
PC-Tower	234,00 €	15 %
17 Zoll Monitor	99,00 €	25 %
Drucker	54,00 €	5 %

Zusätzlich gewährt Ihnen Ihr Lieferant 3 % Skonto. Die Bezugskosten für alle PC-Systeme betragen brutto 59,50 €.

In Ihrem Unternehmen wird mit einem Handlungskostenzuschlag von 70 % und einem Gewinnzuschlag von 25 % kalkuliert. Außerdem gewähren Sie Ihren Kunden einen Rabatt von 30 % und Skonto i. H. von 2 %.

a) Ermitteln Sie den Bruttoverkaufspreis (inkl. 19 % Umsatzsteuer) je PC-System, welchen Sie den Kunden anbieten.

b) Ihr mittelständischer Kunde möchte Ihnen den Auftrag geben, ist allerdings nur bereit 1.049,00 € brutto zu zahlen.

   Sie verhandeln daraufhin nochmals mit Ihrem Lieferanten, dieser gewährt Ihnen daraufhin für den PC-Tower 20 %, für den Monitor 30 % und für den Drucker 15 % Rabatt. Alle anderen Prämissen bleiben gleich.

   Ermitteln Sie unter diesen Bedingungen den Gewinn in Euro und Prozent.

Lösung s. Seite 180

Aufgabe 45: Handelskalkulation VI

Ein Einzelhändler vertreibt Haushaltsgroßgeräte für den privaten Gebrauch.

Aufgrund verstärkter Konkurrenz muss das Unternehmen seine Verkaufspreise anpassen.

Sie werden beauftragt, für den Artikel „Waschmaschine WM111" auf Basis der nachfolgenden Informationen den Listeneinkaufspreis netto zu berechnen, der maximal im Einkauf gezahlt werden kann.

- Verkaufspreis, brutto (19 %) 1.299,00 €
- Verwendeter Kalkulationszuschlag im Unternehmen, um vom Bezugspreis zum Bruttoverkaufspreis zu gelangen 2,75
- Bezugskosten 15,00 €
- Lieferantenrabatt 35 %
- Lieferantenskonto 4 %

Alle Berechnungen sind nachvollziehbar darzustellen!
Lösung s. Seite 183

Aufgabe 46: Grenzen der Vollkostenrechnung

Die Vollkostenrechnung, bestehend aus Kostenarten-, Kostenstellen- und Kostenträgerrechnung, findet in vielen Unternehmen heute noch Anwendung. Sie hat allerdings auch ihre Grenzen.

Beschreiben Sie, wo die Grenzen der Vollkostenrechnung liegen.

Lösung s. Seite 184

Aufgabe 47: Anwendungsgebiete der Teilkostenrechnung

Erläutern Sie anhand von drei betrieblichen Beispielen bzw. Situationen die Anwendungsmöglichkeiten der Teilkostenrechnung.

Lösung s. Seite 184

Aufgabe 48: Grundlagen Teilkostenrechnung

Ein Unternehmen hat im August 2011 Gesamtkosten i. H. von 3.578.750,00 € bei einer Auslastung von 35 % der Kapazität. Dies entsprach einer Menge von 43.750 Stück.

Im September 2011 betrug der Auslastungsgrad 75 %, wobei die Gesamtkosten 6.828.750,00 € betrugen. Es wird ein linearer Kostenverlauf unterstellt.

a) Berechnen Sie die variablen Stückkosten und die fixen Gesamtkosten jeweils für die beiden Monate.

b) Ermitteln Sie das Betriebsergebnis für beide Monate, wenn der Verkaufspreis 75,00 € beträgt.

c) Ermitteln Sie den Break-even-Point und den Break-even-Umsatz sowie die Deckungsbeitrags-Umsatzrate (DBU).

d) Ermitteln Sie jeweils für August und September die langfristige und kurzfristige Preisuntergrenze.

e) Bei welcher Menge erwirtschaftet das Unternehmen 100.000,00 € Gewinn?

f) Bei welcher Menge beträgt die Umsatzrentabilität 5 %?

g) Definieren Sie die Begriffe absoluter und relativer Deckungsbeitrag.

Lösung s. Seite 185

Aufgabe 49: Ermittlung Break-even-Point, Zusatzauftrag

In einem Unternehmen fallen in einer Abrechnungsperiode fixe Gesamtkosten in Höhe von 187.500,00 € an. Die Kapazität liegt bei 10.000 Stück pro Abrechnungsperiode.

Ein Erzeugnis wird zum Preis von 187,50 € verkauft. Die variablen Stückkosten liegen bei 131,25 €.

a) Ermitteln Sie die Gewinnschwellenmenge in Stück und Beschäftigungsgrad in Prozent.

b) Die derzeitige Auslastung liegt bei 6.500 Stück. Ein Kunde bietet Ihnen an 500 weitere Erzeugnisse zu kaufen, aber zum Preis von 162,50 €. Entscheiden Sie, ob Sie den Zusatzauftrag annehmen und wie sich das Betriebsergebnis dadurch ändert.

Lösung s. Seite 190

Aufgabe 50: Grundlagen Teilkostenrechnung

Ihnen liegt folgende unvollständige Tabelle mit Kosten- und Erlösdaten der Mayer GmbH vor:

Beschäftigungsgrad	40 %	80 %
Menge in Stück		
Stückgesamtkosten		
Fixe Stückkosten		
Variable Stückkosten		6 €
Gesamtkosten		
Gesamte Fixkosten		
Gesamte Variable Kosten		2.400.000 €
Umsatzerlöse		4.000.000 €
Preis pro Stück		
Stückdeckungsbeitrag		
Gesamtdeckungsbeitrag		
Betriebsergebnis		400.000 €

Vervollständigen Sie die Tabelle.
Lösung s. Seite 192

Aufgabe 51: Break-even-Analyse

Ein Unternehmen erreicht seine Gewinnschwelle bei einer Auslastung von 70 %. Der Gesamtdeckungsbeitrag beträgt hier 350.000,00 €.

Die variablen Stückkosten betragen 20,00 €. Die Kapazität des Unternehmens beträgt 50.000 Stück je Abrechnungsperiode.

Ermitteln Sie für das Unternehmen das Betriebsergebnis bei einer Auslastung von 80 %.
Lösung s. Seite 193

Aufgabe 52: Teilkostenrechnung, Gewinnschwellenanalyse

Aus dem Controlling der Mayer GmbH liegen Ihnen folgende Daten vor:

- Break-even-Umsatz (bei 50 % Auslastung) — 600.000 €
- Betriebsergebnis (bei 75 % Auslastung) — 50.000 €
- Maximale Kapazität — 20.000 Stück
- Variable Kosten bei Vollauslastung — 1.000.000 €.

a) Berechnen Sie die fixen Gesamtkosten und stellen Sie die Kosten- und Erlösfunktion für das Unternehmen auf.

b) Bei welchem Auslastungsgrad erwirtschaftet das Unternehmen ein Betriebsergebnis von 10.000,00 €?

c) Es wird in Ihrem Unternehmen oft über eine mögliche Preissenkung gegenüber Kunden diskutiert. Erläutern Sie in diesem Zusammenhang, was unter kurzfristiger und langfristiger Preisuntergrenze allgemein zu verstehen ist.

Lösung s. Seite 193

Aufgabe 53: Ermittlung Erlöse, Betriebsergebnis, Umsatzrendite

Die Kapazität eines Produktionsunternehmens liegt bei 50.000 Stück pro Monat.

Bei einer Auslastung von 40 % arbeitet das Unternehmen kostendeckend. Der Gesamtdeckungsbeitrag beträgt bei dieser Auslastung 200.000,00 €, die gesamten variablen Kosten 600.000,00 €.

a) Ermitteln Sie den Gewinnschwellenumsatz und die fixen Gesamtkosten.

b) Bei welcher Auslastung beträgt das Betriebsergebnis 30.000,00 €.

c) Ermitteln Sie die Stückzahl, bei der das Unternehmen eine Umsatzrendite von 10 % erwirtschaftet.

Lösung s. Seite 196

Aufgabe 54: Teilkostenrechnung, Ermittlung Erlöse, Break-even-Point

Die Mayer GmbH produziert Geschirrspüler. Diese werden bisher ausschließlich für den gewerblichen Bedarf in Restaurants angeboten.

Aus der Kosten- und Leistungsrechnung liegen Ihnen folgende Daten vor:

- Kapazität 10.000 Stück
- Break-even-Menge bei 40 % Auslastung
- Variable Stückkosten 150 €
- Auslastung im Juni 2012 60 %
- Betriebsergebnis im Juni 2012 100.000 €.

a) Ermitteln Sie für den Monat Juni 2012 den Verkaufspreis je Stück.

b) Aufbauend auf der Ausgangssituation plant die Mayer GmbH den Geschirrspüler auch im privaten Bereich anzubieten.

Die Marketingabteilung zeigt einen steigenden Absatzmarkt auf. Die Kapazität soll auf 15.000 Stück erhöht werden. Die hierdurch entstehenden Investitionen führen zu einer Erhöhung der fixen Kosten um 30 %.

Durch die besseren Maschinen ist eine Senkung der variablen Stückkosten auf 125,00 € möglich. Der Verkaufspreis soll für alle Kunden einheitlich 175,00 € betragen.

Ermitteln Sie die Menge, bei der das Unternehmen kostendeckend arbeitet.

Lösung s. Seite 198

Aufgabe 55: Ermittlung Betriebsergebnis, Break-even-Point

Die Einzelunternehmung Hans Hansen produziert Garten-Pavillons für den privaten Gebrauch.

Gegenüber dem Vormonat konnte die Produktion im Juli 2012 um 40 % auf 7.000 Stück erhöht werden. Die Gesamtkosten erhöhten sich im Juli 2012 gegenüber dem Vormonat um 24 % auf 310.000,00 €. Es wird ein linearer Kostenverlauf unterstellt.

In beiden Monaten konnten alle produzierten Pavillons zum Preis von 55,00 € verkauft werden.

a) Ermitteln Sie die variablen Stückkosten, die fixen Gesamtkosten und stellen Sie die Kostenfunktion auf.

b) Ermitteln Sie die Menge, bei der kostendeckend gearbeitet wird und welcher Umsatz hier erwirtschaftet werden muss.

c) Ermitteln Sie übersichtlich das Betriebsergebnis für den Vormonat (Juni 2012).

Lösung s. Seite 201

Aufgabe 56: Einstufige Deckungsbeitragsrechnung in Mehrproduktunternehmen I

Ein Unternehmen produziert drei unterschiedliche Arten Büroschränke.

- „Classic"
- „Modern"
- „Glas"

Die Absatzzahlen des letzten Geschäftsjahres beliefen sich auf:

- „Classic"   10.000 St.
- „Modern"   15.000 St.
- „Glas"   5.000 St.

Der Verkaufspreis für „Modern" lag im Schnitt bei 100,00 €, der von Classic lag 10 % darunter, der von Glas 20 % darüber.

Die variablen Stückkosten betrugen:

- „Classic"   50 €
- „Modern"   70 €
- „Glas"   90 €.

Die fixen Gesamtkosten des Geschäftsjahres betrugen 850.000,00 €.

a) Ermitteln Sie das Betriebsergebnis in übersichtlicher tabellarischer Form.

b) Der Deckungsbeitrag kann aus verschieden Perspektiven betrachtet werden. Unterscheiden Sie zwischen dem absoluten und relativen Deckungsbeitrag.

Lösung s. Seite 203

Aufgabe 57: Einstufige Deckungsbeitragsrechnung in Mehrproduktunternehmen II

Die Mayer GmbH produziert Schreibtische und Büroschränke aus Kiefernholz. Aus der Kostenrechnung liegen Ihnen folgende Daten für den Monat Juni 2012 vor:

	Schreibtisch	Büroschrank
Absatz	10.000 Stück	5.000 Stück
Fertigungsmaterial je Stück	35 €	60 €
Fertigungslohn je Stück	50 €	65 €
Verkaufspreis je Stück, netto	160 €	210 €
Fixe Gesamtkosten	800.000 €	

a) Ermitteln Sie im Rahmen der einstufigen Deckungsbeitragsrechnung übersichtlich das Betriebsergebnis.

b) Um den Absatz der Schreibtische anzukurbeln, wird von der Geschäftsleitung geplant, den Verkaufspreis auf die kurzfristige Preisuntergrenze abzusenken. Ermitteln Sie die kurzfristige Preisuntergrenze und begründen Sie Ihren Ansatz.

Lösung s. Seite 204

Aufgabe 58: Einstufige Deckungsbeitragsrechnung, Ermittlung Verkaufspreis

Die Einzelunternehmung Hans Hansen produziert zwei Erzeugnisse (Produkt A, Produkt B).

Es liegen Ihnen für die letzte Abrechnungsperiode folgende Daten vor:

Produkt A

- Verkaufspreis je Stück, netto   20 €
- Fertigungsmaterial je Stück   5 €
- Fertigungslohn je Stück   10 €
- Produktions-/Absatzmenge   10.000 Stück.

Produkt B

- Fertigungsmaterial je Stück   6 €
- Fertigungslohn je Stück   14 €
- Produktions-/Absatzmenge   20.000 Stück
- Fixe Gesamtkosten   200.000 €
- Betriebsergebnis   50.000 €.

Ermitteln Sie in einer übersichtlichen Form, den Verkaufspreis für Produkt B, damit das gegebene Betriebsergebnis erwirtschaftet werden kann.

Lösung s. Seite 204

4. Auswerten der betriebswirtschaftlichen Zahlen

Aufgabe 1: Adressaten des Jahresabschlusses

Der Jahresabschluss der Mayer GmbH dient zum einen den internen Analysezwecken, zum anderen dient er aber auch externen Adressaten.

Nennen Sie vier externe Adressaten des Jahresabschlusses und erläutern Sie, welche Zielsetzung diese verfolgen.

Lösung s. Seite 207

Aufgabe 2: Jahresabschlussanalyse, Betriebsvergleich

Sie sind Mitarbeiter/-in der Mayer GmbH. Sie werden beauftragt, den durch die Buchhaltung erstellten Jahresabschluss zu analysieren und mit der Hansen GmbH (ein potentielles Konkurrenzunternehmen) zu vergleichen.

Beide Unternehmen gelten als kleine Kapitalgesellschaften im Sinne des HGB.

a) Nennen Sie die Mindestbestandteile des Jahresabschlusses kleiner Kapitalgesellschaften.

b) Nennen Sie drei Stufen, wie Sie bei einer internen Jahresabschlussanalyse vorgehen und beschreiben Sie diese kurz.

c) Welche Probleme können beim Betriebsvergleich mit der Hansen GmbH auftreten?

Lösung s. Seite 207

Aufgabe 3: Kennzahlen, EK-Rendite und EK-Quote

Das Controlling der Mayer GmbH hat aus den Jahresabschlüssen der Jahre 2009 bis 2011 folgende Daten zusammengestellt:

Das Geschäftsjahr entspricht dem Kalenderjahr, die Daten sind immer mit Stand 31.12. des jeweiligen Jahres angegeben:

Position	2009 (in T€)	2010 (in T€)	2011 (in T€)
Umsatzerlöse	15.000	17.000	16.000
Materialaufwand	6.000	7.200	6.500
Personalaufwand	7.000	7.100	6.500
Zinsen für Fremdkapital	500	550	600
Sonstiger betrieblicher Aufwand	1.000	2.100	2.300

Position	2009 (in T€)	2010 (in T€)	2011 (in T€)
Eigenkapital	2.000	2.500	3.000
Langfristiges Fremdkapital	5.000	5.500	6.000
Kurzfristiges Fremdkapital	3.000	2.500	3.000

a) Ermitteln Sie für die Geschäftsjahre 2010 und 2011 die Eigenkapitalrentabilität.

b) Nach welchen Kriterien messen Sie, ob eine Eigenkapitalrentabilität positiv oder negativ ist?

c) Berechnen Sie für die Geschäftsjahre 2010 und 2011 jeweils die Eigenkapitalquote.

Lösung s. Seite 209

Aufgabe 4: Kennzahlen, EK-Rendite, GK-Rendite, Umsatzrendite

Das Controlling der Mayer GmbH hat aus den Jahresabschlüssen der Jahre 2009 bis 2011 folgende Daten zusammengestellt:

Das Geschäftsjahr entspricht dem Kalenderjahr.

Position	2009 (in T€)	2010 (in T€)	2011 (in T€)
Umsatzerlöse	10.000	11.100	12.500
Erlösberichtigung	100	110	115
Materialaufwand	3.000	3.200	3.500
Löhne und Gehälter inkl. AG-Anteil	4.000	4.500	5.000
Fremdkapitalzinsen	500	550	600
Sonstiger betrieblicher Aufwand	2.000	2.200	2.500
Durchschnittlich gebundenes Eigenkapital	2.000	2.500	3.000
Durchschnittlich gebundenes Fremdkapital	5.000	5.500	6.000

a) Ermitteln Sie jeweils für die Jahr 2009 bis 2011 die Eigenkapitalrentabilität, Gesamtkapitalrentabilität und die Umsatzrentabilität.

b) Welche Aussage trifft die Gesamtkapitalrentabilität?

Lösung s. Seite 211

Aufgabe 5: Ermittlung Gewinn, Eigenkapitalrentabilität

Die Hans Hansen e. K. weist zum Jahresabschluss 2010 ein Eigenkapital von 500.000,00 € aus. Am Ende des Geschäftsjahres 2011 beträgt das Eigenkapital 650.000,00 €.

Im Laufe des Geschäftsjahres 2011 wurden durch den Inhaber Friedrich Hansen Privateinlagen von 100.000,00 € und Privatentnahmen von 30.000,00 € vorgenommen.

a) Ermitteln Sie den Gewinn für das Geschäftsjahr 2011 nach dem Betriebsvermögensvergleich und berechnen Sie die Eigenkapitalrentabilität für 2011 auf Basis des eingesetzten Kapitals.

b) Gibt es aus Ihrer Sicht Unterschiede bei der Bewertung der Eigenkapitalrentabilität einer Einzelunternehmung in Bezug auf eine GmbH?

Lösung s. Seite 212

Aufgabe 6: Kennzahlen, Leverage-Effekt (allgemein)

Aus der letzten Kennzahlenanalyse der Mayer GmbH ergeben sich folgende Daten:

- Gewinn — 500.000 €
- Gesamtkapitalrentabilität — 12 %
- Eigenkapitalrentabilität — 15 %
- durchschnittlicher Zinssatz für Fremdkapital — 6 %
- Abschreibung — 450.000 €
- Cashflow — 1.250.000 €
- Eigenkapitalquote — 30 %

a) Das Unternehmen möchte im nächsten Jahr in eine neue Fertigungsanlage investieren.

In diesem Zusammenhang ist zu klären, ob die neue Investition aus zusätzlichem Eigenkapital (die Gesellschafter würden ihre Stammeinlagen erhöhen) oder durch Aufnahme eines zusätzlichen Darlehens zu einem Zinssatz von 6 % finanziert werden soll.

Unterbreiten Sie einen begründeten Vorschlag, wenn die Entscheidung ausschließlich unter dem Gesichtspunkt der Renditesteigerung betrachtet werden soll.

b) Erläutern Sie in diesem Zusammenhang den Zielkonflikt zwischen Liquidität und Rentabilität.

Lösung s. Seite 213

Aufgabe 7: Kennzahlen, Maßnahmen zur Steigerung

Ihnen liegen für die Mayer GmbH folgende Daten aus dem Jahresabschluss der vergangenen drei Jahre vor.

	31.12.2009	31.12.2010	31.12.2011
Anlagevermögen	1.000.000 €	1.100.000 €	1.100.000 €
Umlaufvermögen	2.500.000 €	2.700.000 €	2.600.000 €
Fremdkapital	2.000.000 €	2.200.000 €	3.000.000 €
Umsatzerlöse	10.000.000 €	10.500.000 €	12.000.000 €
Aufwendungen	9.850.000 €	9.900.000 €	11.700.000 €

a) Ermitteln Sie die Eigenkapitalrentabilität für das Geschäftsjahr 2010.

b) Die Geschäftsleitung möchte die Eigenkapitalrentabilität (bei konstantem Eigenkapital) auf 20 % steigern. Erläutern Sie drei Maßnahmen, die Sie der Geschäftsleitung vorschlagen, um dieses Ziel zu erreichen.

Lösung s. Seite 215

Aufgabe 8: Eigenkapitalrendite, Bewertung, Leverage-Effekt

Aus dem Jahresabschluss der Mayer GmbH liegen Ihnen folgende Daten vor:

- Umlaufvermögen   12.000.000 €
- Eigenkapital   10.000.000 €
- Fremdkapital, kurzfristig   2.000.000 €
- Fremdkapital, langfristig   15.000.000 €
- Umsatzerlöse   90.000.000 €
- Abschreibungen   1.000.000 €
- Eigenkapitalrentabilität   12 %

  (Der Gewinn soll in voller Höhe ausgeschüttet werden, daher ist er in voller Höhe im kurzfristigen Fremdkapital enthalten. Das Eigenkapital hat sich somit im Laufe des Geschäftsjahres wertmäßig nicht verändert.)

- Gesamtkapitalrentabilität   7 %
- Fremdkapitalzinsen   750.000 €

  (nur auf langfristiges Kapital, kurzfristiges Fremdkapital unverzinst)

- Bestand liquide Mittel   2.000.000 €.

a) Auf Nachfrage des Vorstands sollen Sie bewerten, ob die erzielte Eigenkapitalrendite positiv zu werten ist oder nicht. Wie gehen Sie bei der Wertung vor.

b) Welche Aussage trifft grundsätzlich die Gesamtkapitalrentabilität.

c) Ermitteln Sie aus den vorliegenden Daten den Deckungsgrad I und II. (Anlagendeckungsgrad A und Anlagendeckungsgrad B)

d) Berechnen Sie aus den Daten der Ausgangssituation den Cashflow.

Lösung s. Seite 217

Aufgabe 9: Ermittlung Gewinn, Eigen-/Gesamt- und Umsatzrentabilität

Die Mayer GmbH produziert ausschließlich Gartentische für den privaten Bedarf. Die Abteilung Controlling hat aus der letzten Abrechnungsperiode folgende Daten zusammengestellt.

▸ Verkaufspreis pro Stück, netto	15 €
▸ Materialeinsatz je Stück	3 €
▸ Fertigungslohn je Stück	4 €
▸ Sonstige Gemeinkosten (ohne Zinsen)	2 €
▸ Fremdkapitalzinssatz (auf das durchschnittlich gebundene Fremdkapital)	5 %
▸ Produktions-/Absatzmenge	10.000 Stück
▸ Durchschnittlich gebundenes Eigenkapital	250.000 €
▸ Durchschnittlich gebundenes Anlagevermögen	400.000 €
▸ Durchschnittlich gebundenes Umlaufvermögen	150.000 €.

a) Ermitteln Sie den Gewinn der Abrechnungsperiode.

b) Ermitteln Sie die Umsatzrentabilität.

c) Ermitteln Sie die Eigen- und Gesamtkapitalrentabilität.

Lösung s. Seite 219

5. Planungsrechnung

Aufgabe 1: Planungsrechnung, Aufgaben

Welche Aufgaben übernimmt die Planungsrechnung im Rechnungswesen. Nennen und erläutern Sie drei Aufgaben.

Lösung s. Seite 221

Aufgabe 2: Kostenplanung I

Sie sind in Ihrem Unternehmen mit der Kostenplanung für das nächste Geschäftsjahr beauftragt worden.

a) Nennen Sie drei Kostenarten, die Sie in Ihrem Unternehmen planen.

b) Erläutern Sie, wie Sie die Höhe der unter Teilaufgabe a) genannten Kostenarten ermitteln.

Lösung s. Seite 221

Aufgabe 3: Kostenplanung II

Ihr Unternehmen plant zum Ende des Geschäftsjahres eine Investition in eine Verpackungsmaschine. Die Maschine wird die einzelnen verkaufsfähigen Erzeugnisse versandfertig verpacken.

Hierzu müssen Mitarbeiter die Maschine mit Kartonage bestücken und die entsprechenden Packprogramme eingeben.

a) Nennen Sie sieben Kostenarten die durch den Betrieb der Maschine verursacht werden.

b) Teilen Sie die unter Teilaufgabe a) genannten Kostenarten in beschäftigungsabhängige und beschäftigungsunabhängige Kosten ein.

Lösung s. Seite 222

Aufgabe 4: Kostenplanung und Abweichungsanalyse

Die Mayer GmbH produziert Kühlschränke für den privaten und gewerblichen Bedarf.

Die Produktion läuft vollautomatisch. Die Mitarbeiter in der Produktion sind hauptsächlich mit der Bestückung und Wartung der Anlagen betraut.

Das Unternehmen gliedert sich in die Kostenstellen:

- Hauptkostenstelle: Beschaffung
- Hilfskostenstelle: Konstruktion

- Hilfskostenstelle: Arbeitsvorbereitung
- Hauptkostenstelle: Fertigung
- Hauptkostenstelle: Verwaltung/Vertrieb.

a) Nennen Sie fünf Kostenarten, die in der Hauptkostenstelle „Fertigung" der Mayer GmbH geplant werden müssen.

b) Nennen Sie drei Aufgaben der Kostenplanung.

c) Am Ende der Abrechnungsperiode erhalten Sie folgenden Ausdruck für die Hauptkostenstelle „Fertigung" vom Controlling:

Kostenart	Planmenge	Plankosten	Istmenge	Istkosten
Materialeinsatz	500 Stück	1.000 €	510 Stück	1.400 €
Stromverbrauch	1.000 KWh	200 €	1.000 KWh	220 €

Erläutern Sie zwei mögliche Ursachen für die Plan-/Ist-Abweichung.

d) Nennen Sie drei Möglichkeiten, wie Sie die Kosten in der Hauptkostenstelle „Fertigung" beeinflussen können.

Lösung s. Seite 223

1. Grundlegende Aspekte des Rechnungswesens

Lösung zu Aufgabe 1: Aufgaben des Rechnungswesens

Die grundsätzlichen Aufgaben des Rechnungswesens sind:

- Dokumentation
- Information
- Kontrolle.

Dokumentation
Die erste Aufgabe des Rechnungswesens ist es, alle Geschäftsfälle des Unternehmens zu dokumentieren bzw. zu belegen.

Die Geschäftsvorfälle müssen nachvollziehbar sein und bilden die Datenbasis für das gesamte Rechnungswesen. Ist ein Geschäftsfall nicht in Form eines Beleges dokumentiert, gilt er als nicht stattgefunden. Dies bedeutet nicht, dass es immer einen externen Beleg gibt, es können für die Dokumentation auch interne Belege erstellt werden. Dies sind z. B. Buchungsbelege für die Lohn- und Gehaltsabrechnungen oder Materialentnahmescheine. Externe Belege sind hauptsächlich Eingangs- und Ausgangsrechnungen oder die diversen Kassenbelege.

Information
Die Daten, die im Rechnungswesen dargestellt werden, dienen internen und externen Adressaten als Informationsquelle.

Intern möchten z. B. die Unternehmensleitung oder die Gesellschafter über den Erfolg des Unternehmens, über die Vermögenswerte und über die Veränderung des Kapitals informiert werden. Dies geschieht, indem der erstellte Jahresabschluss analysiert wird und beispielsweise Kennzahlen bezüglich der Rentabilität, der Finanzierung oder der Liquidität ausgewertet werden. Des Weiteren dienen die Daten dazu, Planungsunterlagen als Entscheidungsgrundlage für das Unternehmen bereitzustellen.

Extern dienen die Daten dazu, z. B. Gläubigern oder zukünftigen Eigenkapitalgebern ein Bild des Unternehmens zu vermitteln, damit diese eine notwendige Entscheidungsgrundlage erhalten.

Kontrolle
Planung und Kontrolle bilden im Rahmen der Unternehmensführung einen Zyklus. Dazu ist es notwendig, dass Planungen innerhalb des Unternehmens durch Ist-Zahlen kontrolliert werden.

Das Rechnungswesen liefert hierzu das notwendige Zahlenmaterial, damit z. B. die Unternehmensleitung ihre Planzahlen mit den ermittelten Ist-Werten vergleichen kann. Hieraus können dann notwendige Abweichungsanalysen durchgeführt werden, um so die Prozesse im Unternehmen steuern und Planungen für zukünftige Abrechnungsperioden vornehmen zu können.

Einen wichtigen Bereich innerhalb der Kontrolle stellt z. B. die Kontrolle der Verkaufserlöse dar. Während bei der Angebotserstellung mit Plandaten kalkuliert wird, wird nach dem Auftrag mit den Istkosten gerechnet und überprüft, ob der geplante Gewinn realisiert wurde.

Lösung zu Aufgabe 2: Teilbereiche des Rechnungswesens

Buchführung
Die Buchführung wird als externes Rechnungswesen bezeichnet. Sie soll auf Basis von gesetzlichen Grundlagen dem Unternehmen, aber auch Außenstehenden ein den tatsächlichen Verhältnissen entsprechendes Bild über die Finanz-, Ertrags- und die wirtschaftliche Lage des Unternehmens geben (Generalnorm des § 264 Abs. 2 HGB). Dazu dokumentiert die Buchführung alle im Unternehmen stattfindenden Geschäftsfälle im Laufe des Geschäftsjahres und stellt zum Abschlussstichtag den Jahresabschluss auf.

Kosten- und Leistungsrechnung
Die Kosten- und Leistungsrechnung wird als internes Rechnungswesen bezeichnet. Sie untersucht die eigentliche betriebliche Tätigkeit des Unternehmens, d. h. das Kerngeschäft.

Auch wenn das Unternehmen gesetzlich nicht zur Kosten- und Leistungsrechnung (Ausnahme Unternehmen z. B. im Gesundheitswesen) verpflichtet ist, ist sie betriebswirtschaftlich notwendig. Sie dient dazu, den tatsächlichen Werteverzehr im Betrieb darzustellen und die notwendigen Informationen für betriebswirtschaftliche Entscheidungen bereitzustellen.

Statistik
Die Statistik dient dazu, die in den anderen Teilbereichen erfassten Daten aufzubereiten und auszuwerten. Die Zusammenhänge werden als Entscheidungsgrundlagen meist in Form von Tabellen und Grafiken dargestellt.

Planungsrechnung
Unternehmerischer Erfolg darf für das Unternehmen keine Überraschung, sondern sollte Ergebnis einer genauen Planung sein. Hier setzt die Planungsrechnung ein. Es werden für zukünftige Abrechnungsperioden die notwendigen Aufwendungen bzw. Erträge, Kosten bzw. Leistungen, aber auch Vermögens- und Kapitalwerte geplant.

Hieraus lassen sich zukünftige unternehmerische Aktivitäten ableiten.

Die einzelnen Teilbereiche des betrieblichen Rechnungswesens sind miteinander verknüpft und bauen aufeinander auf. In der Buchführung erfolgt die Dokumentation aller unternehmerischen Aktivitäten. Hieraus werden interne und externe Informationen abgeleitet. Zur besseren Darstellung werden die Daten oft durch die Statistik aufbereitet und geben somit ein umfassenderes Bild ab. Die Daten der Buchführung dienen in der Kosten- und Leistungsrechnung als Basis.

Lösung zu Aufgabe 3: Abgrenzung Buchführung und Kosten- und Leistungsrechnung

	Buchführung	Kosten- und Leistungsrechnung
Gesetzliche Pflicht	grundsätzliche gesetzliche Verpflichtung nach Handels- und Steuerrecht (Befreiungsmöglichkeit gemäß § 241a HGB für Einzelunternehmen)	grundsätzlich keine gesetzliche Verpflichtung, aber in jedem Unternehmen betriebswirtschaftlich notwendig
Ausrichtung	Externes Rechnungswesen	Internes Rechnungswesen
Umfang	alle unternehmerischen Aktivitäten	Konzentration auf die betriebliche Tätigkeit, Kerngeschäft
Ergebnis	schließt mit dem Unternehmensergebnis ab, Gewinn oder Verlust laut Gewinn- und Verlustrechnung	schließt mit dem Betriebsergebnis ab, dies wird durch sachliche Abgrenzung ermittelt

Lösung zu Aufgabe 4: Allgemeine Buchführungsvorschriften nach Handels- und Steuerrecht

Buchführungspflicht nach Handelsrecht
Die Buchführungspflichten nach Handelsrecht sind im Handelsgesetzbuch (HGB) geregelt.

Gemäß § 238 Abs. 1 HGB ist jeder Kaufmann verpflichtet, Bücher zu führen und in diesen die Lage seines Unternehmens einem sachverständigen Dritten gegenüber ersichtlich zu machen.

Eine Befreiung von der Buchführungspflicht im HGB gibt es nur für Einzelkaufleute. Gemäß § 241a HGB brauchen sie die Buchführungsvorschriften nicht anzuwenden, wenn sie in zwei aufeinander folgenden Geschäftsjahren

- weniger als 500.000 € Umsatz und
- weniger als 50.000 € Gewinn

ausweisen.

Bei einer Neugründung trifft die Befreiungsvorschrift schon ein, wenn am ersten Abschlussstichtag die Werte nicht überschritten werden (§ 241a Satz 2 HGB).

Buchführungspflicht nach Steuerrecht
Bei der Buchführungspflicht nach Steuerrecht sind drei Stufen zu beachten, die nacheinander abgeprüft werden müssen, falls bei einer Stufe die Buchführungspflicht nicht gegeben ist.

LÖSUNGEN

1. **Derivative (abgeleitete) Buchführungspflicht gem. § 140 AO**
   In der ersten Stufe knüpft das Steuerrecht an die Buchführungspflichten anderer Gesetze an und besagt: Wer nach einem anderen Gesetz buchführungspflichtig ist, ist es auch im Steuerrecht.

   Damit sind automatisch alle Kaufleute im Sinne des HGB, die handelsrechtlich buchführungspflichtig sind, auch steuerrechtlich buchführungspflichtig. Das gilt für alle GmbHs, AGs, OHGs, KGs, und nicht befreiten Einzelunternehmen. BGB-Gesellschaften sind keine Kaufleute im Sinne des HGB, somit sind sie von dieser Regelung nicht betroffen.

2. **Originäre Buchführungspflicht nach § 141 AO**
   Für gewerbliche Unternehmer sowie Land- und Forstwirte, die nach Feststellung der Finanzbehörden

   a) Umsätze von mehr als 500.000 € oder

   b) selbst bewirtschaftete land- und forstwirtschaftliche Flächen mit einem Wirtschaftswert von mehr als 25.000 € oder

   c) einen Gewinn aus Gewerbebetrieb von mehr als 50.000 € im Wirtschaftsjahr oder

   d) einen Gewinn aus Land- und Forstwirtschaft von mehr als 50.000 €

   ausweisen, gelten grundsätzlich die gleichen Vorschriften wie bei der derivativen Buchführungspflicht.

   Die Unternehmen, die der derivativen bzw. originären Buchführungspflicht unterliegen, werden auch als „Bilanzierer" bezeichnet, da sie einen Jahresabschluss in Form von Bilanz, Gewinn- und Verlustrechnung, ggf. Anhang und Lagebericht erstellen müssen.

3. **Die Einnahmen-Überschussrechnung gem. § 4 Abs. 3 EStG**
   Alle gewerblichen Unternehmen, die nicht derivativ bzw. originär buchführungspflichtig sind, sowie alle Selbständigen sowie Land- und Forstwirte, für die § 141 AO nicht gilt, müssen ihren Gewinn nach § 4 Abs. 3 EStG in Form der Einnahmen-Überschussrechnung ermitteln. Hier gilt das so genannte Zu- und Abflussprinzip, d. h. Betriebseinnahmen abzüglich Betriebsausgaben. Grundsätzlich ist der reine Zahlungsvorgang entscheidend. Aber: Auch weitere Betriebseinnahmen (z. B. Privatnutzung PKW) und Betriebsausgaben (z. B. Abschreibungen), die nicht zu Geldzu- oder -abfluss führen, werden in der Einnahmen-Überschussrechnung berücksichtigt.

INFO

In der jeweiligen Abrechnungsperiode können die Gewinne, die auf Grundlage der Bilanzierung ermittelt werden, von der Einnahmen-Überschussrechnung abweichen. Da bei der Einnahmen-Überschussrechnung das so genannte Zu- und Abflussprinzip gilt, entscheidet der Geldzu- oder -abfluss darüber, in welcher Periode der Gewinn realisiert wird.

Bei der Bilanzierung gilt der Grundsatz der Periodenabgrenzung, hier ist entscheidend, in welcher Periode der Aufwand bzw. der Ertrag wirtschaftlich verursacht wurde.

Über die Totalperiode, d. h. über den gesamten Unternehmenszyklus gesehen, sind die beiden Gewinnermittlungsverfahren allerdings identisch und kommen zum gleichen Gewinn bzw. Verlust.

Lösung zu Aufgabe 5: Entscheidung über Buchführungspflicht, nach Handels- und Steuerrecht

Position	Handelsrecht Buchführungspflicht nach § 238 Abs. 1 HGB	Steuerrecht		
		Buchführungspflicht nach § 140 AO	Buchführungspflicht nach § 141 AO	EÜR gemäß § 4 Abs. 3 EStG
a)	X	X		
b)	X	X		
c)				X
d)				X
e)				X

Lösung zu Aufgabe 6: Ziele der Buchführungspflichten

a) Die **handelsrechtliche** Buchführung hat sowohl interne als auch externe Adressaten. Die internen Adressaten sind vor allem die Unternehmenseigner und die Mitarbeiter. Die externen Adressaten sind die Gläubiger des Unternehmens und die zukünftigen Eigenkapitalgeber.

Der handelsrechtliche Jahresabschluss dient allen Adressaten des Unternehmens als Informationsquelle über die Vermögens-, Finanz- und Ertragslage. Es ist der Jahresabschluss, den das Unternehmen veröffentlichen muss.

INFO

Veröffentlichungszwang besteht für Kapitalgesellschaften, Personenunternehmen sind grundsätzlich gemäß Publizitätsgesetz befreit, wenn sie bestimmte Größenmerkmale nicht überschreiten.

Veröffentlichung im Bundesanzeiger unter **www.bundesanzeiger.de**

Die **steuerliche** Buchführung hat als alleinigen Adressaten den Fiskus. Der steuerliche Jahresabschluss dient der Berechnung der Steuern (hauptsächlich Einkommensteuer, Körperschaftsteuer und Gewerbesteuer) und wird für die Finanzbehörden erstellt.

b) Die **handelsrechtlichen Buchführungsvorschriften** basieren auf der Zielsetzung des Gläubigerschutzes. Die Kapitalgeber des Unternehmens sollen durch die gesetzlichen Grundlagen im HGB geschützt werden, indem im Jahresabschluss ein „reales" Bild des Unternehmens gezeigt werden soll.

Die **steuerliche** Zielsetzung ist eine einheitliche und gerechte Besteuerung der Unternehmen. Der Gesetzgeber möchte durch die steuerlichen Buchführungsvorschriften erreichen, dass alle Unternehmen ihren Gewinn gleich ermitteln, um so die gleiche Besteuerungsgrundlage zu erreichen.

Lösung zu Aufgabe 7: Grundsätze ordnungsmäßiger Buchführung I

Der **Grundsatz der Vorsicht** ist im HGB in § 252 Abs. 1 Nr. 4 HGB geregelt. Er ist der zentrale Grundsatz ordnungsmäßiger Buchführung, an dem sich grundsätzlich alle handelsrechtlichen Buchführungsvorschriften orientieren.

Der Grundsatz besagt, dass Vermögen und Schulden vorsichtig bewertet werden sollen. Dies bedeutet, dass – sofern notwendig – das Vermögen eher niedrig und die Schulden eher hoch bewertet werden.

Gewinne dürfen erst ausgewiesen werden, wenn sie wirtschaftlich realisiert sind. (Realisationsprinzip). Verluste müssen im Jahresabschluss schon ausgewiesen werden, selbst wenn sie erst noch eintreten können.

Diese Ungleichbehandlung beim Ausweis von Gewinnen und Verlusten wird als Imparitätsprinzip bezeichnet.

Vom Grundsatz der Vorsicht werden die speziellen Bewertungsprinzipien

- Anschaffungswertprinzip,
- Niederstwertprinzip und
- Höchstwertprinzip

abgeleitet.

 INFO

Eine Besonderheit stellt der durch das Bilanzrechtsmodernisierungsgesetz (BilMoG) neu gefasste § 256a HGB dar. Hiernach werden Fremdwährungsforderungen und -verbindlichkeiten am Bilanzstichtag zum Devisenkassamittelkurs umgerechnet.

Wenn die Fremdwährungsforderung bzw. -verbindlichkeit eine Laufzeit von einem Jahr und weniger besitzt, können auch nicht realisierte Währungsgewinne ausgewiesen werden. Der Grundsatz der Vorsicht ist dann nicht anzuwenden.

Lösung zu Aufgabe 8: Grundsätze ordnungsmäßiger Buchführung II
Grundsatz der Klarheit und Übersichtlichkeit
Der Jahresabschluss soll einem sachverständigen Dritten (z. B. Wirtschaftsprüfer, Steuerberater, Finanzbeamter) in angemessener Zeit einen Überblick über die Vermögens-, Finanz- und Ertragslage des Unternehmens geben.

Die Bilanz muss nach § 266 HGB, die Gewinn- und Verlustrechnung nach § 275 HGB gegliedert sein und der Anhang inhaltlich § 284 HGB entsprechen. Ggf. sind weitere Vorschriften für Lagebericht und Konzernabschluss zu beachten.

Grundsatz der Bewertungsstetigkeit
Eine einmal gewählte Bewertungsmethode muss auch in den folgenden Geschäftsjahren beibehalten werden.

Wenn z. B. bei der Bewertung von Herstellungskosten der unfertigen Erzeugnisse das Wahlrecht, die allgemeinen Verwaltungskosten in die Herstellungskosten mit einzurechnen, in Anspruch genommen wird, muss auch in den folgenden Geschäftsjahren so verfahren werden. Dieser Grundsatz dient der Vergleichbarkeit der Jahresabschlüsse.

Das Handelsrecht gibt dem Kaufmann einige Wahlrechte bei der Bewertung von Vermögen und Schulden. Hat er sich bei der Bewertung von einzelnen Vermögens- oder Schuldenpositionen für eine Methode entschieden, muss er auch in den folgenden Geschäftsjahren dabei bleiben.

Grundsatz der Bilanzidentität
Die Eröffnungsbilanz des neuen Geschäftsjahres muss identisch sein mit der Schlussbilanz des vorangegangenen Jahres. Es können also keine Buchungen zwischen dem Abschlussstichtag des alten Geschäftsjahres und dem Beginn des neuen Geschäftsjahres vorgenommen werden.

Grundsatz der Periodenabgrenzung
Aufwendungen und Erträge müssen dem Geschäftsjahr zugeordnet werden, in dem sie wirtschaftlich verursacht wurden, unabhängig vom Zeitpunkt ihrer Zahlung. Daraus ergeben sich die so genannten zeitlichen Abgrenzungen.

Es ist also nicht wichtig, wann ein Aufwand oder Ertrag zu Zahlungen führt, sondern ausschließlich, wann er wirtschaftlich verursacht wurde.

Der Grundsatz der Periodenabgrenzung stellt einen wesentlichen Unterschied zwischen der Bilanzierung und der Einnahmen-Überschussrechnung (EÜR) da. Bei der EÜR gilt das Zu- und Abflussprinzip, d. h. Aufwendungen und Erträge entstehen grundsätzlich erst mit der Zahlung. Somit ergibt sich der Gewinn grundsätzlich nur aus den Zahlungsvorgängen.

Lösung zu Aufgabe 9: Grundsätze ordnungsmäßiger Buchführung III

Da es gerade im Vorratsvermögen schwierig ist, jeden Vermögensgegenstand einzeln zu bewerten, bietet der Gesetzgeber die Möglichkeit, so genannte Bewertungsvereinfachungsverfahren zu nutzen, z. B.

- Durchschnittsbewertung
- Festwert
- Gruppenbewertung
- Verbrauchsfolgeverfahren.

Die **Durchschnittsbewertung** kommt für das Vorratsvermögen in Frage, wenn die Anschaffungskosten beispielsweise im laufenden Geschäftsjahr schwanken und wenn am Jahresende dem einzelnen erworbenen Vermögensgegenstand die jeweiligen Anschaffungskosten nicht zuzuordnen sind. (Beispiel: Kauf von Metallen oder Schüttgut). Am Jahresende wird zur Ermittlung der Anschaffungskosten des vorhandenen Bestandes der gewogene Durchschnitt berechnet. Die Durchschnittsmethode ist sowohl handels- als auch steuerrechtlich erlaubt.

Bei der **Festwertbewertung** können gem. § 240 Abs. 3 HGB i. V. mit § 5 Abs. 1 EStG bestimmte Gegenstände des Sachanlagevermögens und der Roh-, Hilfs- und Betriebsstoffe mit einem Festwert in der Bilanz angesetzt werden, wenn

- sie regelmäßig ersetzt werden,
- sie nur geringen mengenmäßigen Veränderungen unterliegen,

- der Gesamtwert von nachrangiger Bedeutung ist und
- alle drei Jahre eine Inventur durchgeführt wird.

Beispiele sind bestimmte Büromöbel, Gläser oder Besteck in der Gastronomie. Im Roh-, Hilfs- und Betriebsstoffbereich sind es z. B. Schrauben für den Herstellungsprozess.

Material, wie z. B. Kupfer, unterliegt starken Preisschwankungen und kann deshalb nicht als Festwert angesetzt werden. Festwerte sind handels- und auch steuerrechtlich möglich.

Bei der **Gruppenbewertung** können gleichartige Vermögensgegenstände des Vorratsvermögens mit dem gewogenen Durchschnitt aus dem Anfangsbestand und dem Wert der Zugänge angesetzt werden. Dies gilt vor allem bei Waren verschiedener Größen oder Qualitätsstufen. Hierbei ist zu beachten, dass zwischen den einzelnen Produkten keine großen Preisunterschiede bestehen dürfen. Die Gruppenbewertung ist sowohl handels- als auch steuerrechtlich möglich.

Eine weitere Möglichkeit der Bewertungsvereinfachung sind die **Verbrauchsfolgeverfahren.** Hierbei kann bei gleichartigen Gegenständen des Vorratsvermögens eine bestimmte Verbrauchsfolge unterstellt werden, um die Zugangsbewertung vorzunehmen. Diese kann unter Umständen von der Realität abweichen. Die Anschaffungskosten leiten sich dann aus den Zugängen der gewählten Verbrauchsfolge ab.

Es gibt grundsätzlich folgende Verbrauchsfolgeverfahren

- Lifo-Verfahren: Last in – first out (der zuletzt eingelagerte Gegenstand wird zuerst entnommen).
- Fifo-Verfahren: First in – first out (der zuerst eingelagerte Gegenstand wird zuerst entnommen)
- Lofo-Verfahren: Lowest in – first out (der Gegenstand mit dem niedrigsten Wert wird zuerst entnommen)
- Hifo-Verfahren: Highest in – first out (der Gegenstand mit dem höchsten Wert wird zuerst entnommen).

Handelsrechtlich sind alle Verfahren erlaubt, die die Voraussetzungen des § 256 Satz 1 HGB erfüllen.

Steuerrechtlich ist ausschließlich das Lifo-Verfahren erlaubt (§ 6 Abs. 1 Nr. 2a EStG).

Für alle Verbrauchsfolgeverfahren gilt, dass sie die Zugangsbewertung darstellen.

Am Jahresende müssen die Werte im Rahmen der Folgebewertung überprüft werden.

INFO

Strenges Niederstwertprinzip im Umlaufvermögen.

Lösung zu Aufgabe 10: Aufbewahrungsfristen, Anwendungen

a) Die gesetzlichen Grundlagen für die Aufbewahrungspflichten sind im Handelsrecht in § 257 HGB und im Steuerrecht in § 147 AO geregelt.

Es wird grundsätzlich zwischen Aufbewahrungsfristen von 10 Jahren und 6 Jahren unterschieden.

Die 10-jährige Aufbewahrungsfrist gilt insbesondere für

- Handelsbücher, Inventare, Eröffnungsbilanzen, Jahresabschlüsse, Lageberichte, Konzernabschlüsse sowie zu deren Verständnis notwendigen Arbeitsanweisungen und sonstigen Organisationsanweisungen,
- Buchungsbelege.

Die 6-jährige Aufbewahrungsfrist gilt insbesondere für

- empfangene Handelsbriefe,
- Wiedergaben der versandten Handelsbriefe bzw.
- im Steuerrecht für Unterlagen, die für die Besteuerung von Bedeutung sind.

Die Verjährungsfrist beginnt mit dem Schluss (Ablauf) des Kalenderjahres, in dem die Unterlagen erstellt bzw. die letzten Aufzeichnungen gemacht wurden.

b) 1. Beginn der Aufbewahrungspflicht mit Ablauf des 31.12.2011, Ende der Aufbewahrungsfrist mit Ablauf des 31.12.2021.
Vernichtung ab dem 01.01.2022.

2. Beginn der Aufbewahrungsfrist mit Ablauf des 31.12.2009, Ende der Aufbewahrungsfrist mit Ablauf des 31.12.2019.
Vernichtung ab 01.01.2020

3. Beginn der Aufbewahrungsfrist mit Ablauf des 31.12.2012, Ende der Aufbewahrungsfrist mit Ablauf des 31.12.2018.
Vernichtung ab 01.01.2019.

4. Ein Gesellschaftsvertrag dokumentiert das Fundament eines Unternehmens. Der Gesellschaftsvertrag kann nicht vernichtet werden.

c) Gemäß § 257 Abs. 3 HGB und § 147 Abs. 2 AO können Unterlagen, mit Ausnahme der Eröffnungsbilanzen und der Jahresabschlüsse (zusätzlich im Steuerrecht Unterlagen zu digital abgegebenen Zollanmeldungen), digital aufbewahrt werden. Für die Dauer der digitalen Aufbewahrung ist das Unternehmen verpflichtet, die technischen Möglichkeiten vorzuhalten, um die digitalen Unterlagen lesbar zu machen.

Die Aufbewahrungsfristen von 10 bzw. 6 Jahren gelten auch bei digitaler Aufbewahrung.

Lösung zu Aufgabe 11: Spezielle Bewertungsprinzipien

Die speziellen Bewertungsprinzipien sollen die Zielsetzungen der vorsichtigen Bewertung im Handelsrecht umsetzen.

Anschaffungswertprinzip

Das Anschaffungswertprinzip besagt, dass die Anschaffungskosten die oberste Bewertungsgrenze in der Bilanz darstellen. Ein Vermögensgegenstand kann demnach niemals mit einem höheren Wert als den Anschaffungs- bzw. Herstellungskosten in der Bilanz ausgewiesen werden. Hierdurch kommt es in der Bilanz unter Umständen zu stillen Reserven, wenn der Marktwert eines Vermögensgegenstandes größer ist als der Bilanzausweis.

Beispiel

Ein Unternehmen kauft ein Grundstück mit Anschaffungskosten in Höhe von 50.000 € im Jahr 2010. In der Bilanz wird es auf der Aktivseite im Anlagevermögen mit 50.000 € ausgewiesen. Durch eine verbesserte Verkehrsanbindung im Jahr 2012 steigt der Marktwert des Grundstücks auf 80.000 €. Das Grundstück darf in der Bilanz aber trotzdem nur mit 50.000 € ausgewiesen werden. Die Differenz in Höhe von 30.000 € stellt einen nicht realisierten Gewinn dar und darf nicht ausgewiesen werden (Realisationsprinzip). Die nicht ausgewiesene Differenz wird als stille Reserve bezeichnet.

Niederstwertprinzip

Das Niederstwertprinzip gilt für die Bewertung der Vermögensgegenstände des Anlage- und Umlaufvermögens. Von zwei möglichen Wertansätzen (Tageswert am Bilanzstichtag oder Anschaffungs- bzw. Herstellungskosten) ist grundsätzlich der niedrigere Wert anzusetzen.

Man unterscheidet zwischen dem strengen und dem gemilderten Niederstwertprinzip:

- **Strenges Niederstwertprinzip** bedeutet, dass von den zwei möglichen Wertansätzen stets der niedrigere Wert angesetzt werden muss. Das gilt uneingeschränkt für alle Gegenstände des Umlaufvermögens.

Beim Anlagevermögen ist zu unterscheiden ob es sich um abnutzbare oder nicht abnutzbare Vermögensgegenstände handelt. Bei abnutzbaren Vermögensgegenständen (z. B. Gebäude, Maschinen, Anlagen) wird das Niederstwertprinzip durch die planmäßigen Abschreibungen erfüllt. Außerdem sind bei abnutzbaren und nicht abnutzbaren Vermögensgegenständen außerplanmäßige Abschreibungen vorzunehmen, wenn es sich um eine voraussichtlich dauernde Wertminderung handelt.

Wenn die Gründe für die außerplanmäßigen Abschreibungen in den folgenden Geschäftsjahren wegfallen, ist zwingend gemäß § 253 Abs. 5 HGB eine Zuschreibung vorzunehmen.

- Das gemilderte **Niederstwertprinzip** besagt, dass bei Finanzanlagen auch bei vorübergehenden Wertminderungen der niedrigere Wert angesetzt werden darf.

Gesetzliche Grundlage des Niederstwertprinzips ist § 253 Abs. 3 und 4 HGB.

Beispiel

Gemildertes Niederstwertprinzip:

Eine GmbH kauft am 10.12.2011 zur langfristigen Kapitalanlage 1.000 Aktien einer Aktiengesellschaft (AG).

- Wert der Aktien beim Kauf (10.12.2011)   80.000 €
- Wert der Aktien am 31.12.2011 (Abschlussstichtag)   75.000 €
- Wert der Aktien am 15.03.2012 (Tag der Bilanzaufstellung)   85.000 €.

Die Wertpapiere werden im Anlagevermögen bilanziert.

Der Wert der Aktien ist zum 31.12.2011 gesunken. Dadurch, dass sich der Kurs bis zum Tag der Bilanzerstellung wieder erholt hat, spricht man von einer vorübergehenden Wertminderung. Die GmbH kann die Aktien beim Jahresabschluss mit dem niedrigeren Wert in Höhe von 75.000 € ansetzen, muss dies aber nicht tun.

Da der Wert im Geschäftsjahr 2012 wieder gestiegen ist, ist eine Zuschreibung vorzunehmen. Allerdings darf die Zuschreibung nur bis zur Höhe der Anschaffungskosten erfolgen (Anschaffungswertprinzip).

 INFO

Die Zuschreibung muss nur vorgenommen werden, wenn im alten Geschäftsjahr eine Wertminderung erfasst wurde.

LÖSUNGEN

Beispiel

Strenges Niederstwertprinzip:

Eine GmbH kauft am 10.12.2011 zur kurzfristigen Kapitalanlage 1.000 Aktien einer Aktiengesellschaft (AG).

- Wert der Aktien beim Kauf (10.12.2011)   80.000 €
- Wert der Aktien am 31.12.2011 (Abschlussstichtag)   75.000 €
- Wert der Aktien am 15.03.2012 (Tag der Bilanzaufstellung)   85.000 €.

Die Wertpapiere werden im Umlaufvermögen bilanziert. Die GmbH hat zwingend zum Abschlussstichtag die Aktien mit dem niedrigeren Wert anzusetzen. Dass der Kurs sich erholt hat, ist hier nicht relevant.

Höchstwertprinzip

Das Höchstwertprinzip ist die Umkehrung des Niederstwertprinzips. Aus Gründen kaufmännischer Vorsicht (Gläubigerschutz) sind die Schulden des Unternehmens stets mit ihrem höchsten Wert anzusetzen (zu passivieren). Von zwei möglichen Werten ist der höhere zu wählen. Anwendung findet das Höchstwertprinzip vor allem bei langfristigen Währungsverbindlichkeiten und Rückstellungen.

Beispiel

Höchstwertprinzip

Die Mayer GmbH nimmt am 05.11.2011 ein Darlehen in Höhe von 100.000 US-$ bei einer amerikanischen Großbank auf, die Laufzeit beträgt 5 Jahre. Das Darlehen ist endfällig und wird mit 5 % verzinst.

Der Kurs betrug

- am 05.11.2011   1 US-$ = 0,70 €
- am 31.12.2011 (Abschlussstichtag)   1 US-$ = 0,75 €.

Das Darlehen ist am 05.11.2011 bei der Zugangsbewertung mit 70.000 € zu passivieren. Der Kurs zum 31.12.2011 führt dazu, dass die Schuld gegenüber der amerikanischen Großbank 75.000 € betrug.

Das Höchstwertprinzip, abgeleitet aus dem Grundsatz der Vorsicht des § 252 Abs. 1 Nr. 4 HGB führt dazu, dass die Mayer GmbH das Darlehen mit 75.000 € passivieren muss. § 256a HGB findet keine Anwendung, da die Restlaufzeit größer als 1 Jahr ist.

Lösung zu Aufgabe 12: Anwendung spezieller Bewertungsprinzipien

Bewertung im Jahresabschluss 2009
Das Grundstück wird im Jahresabschluss 2009 mit den Anschaffungskosten in Höhe von 200.000 € bewertet. Eine planmäßige Abschreibung ist nicht vorzunehmen, da es sich um einen nicht abnutzbaren Vermögensgegenstand handelt.

Bewertung im Jahresabschluss 2010
Da es sich um eine voraussichtlich dauernde Wertminderung handelt, ist das strenge Niederstwertprinzip anzuwenden und das Grundstück mit 80.000 € zu bewerten.

Es ist eine außerplanmäßige Abschreibung in Höhe von 120.000 € vorzunehmen. (§ 253 Abs. 3 Satz 3 HGB)

Bewertung im Jahresabschluss 2011
Da sich die Wertverhältnisse im Jahr 2011 nicht geändert haben, ist der Wertansatz von 80.000 € beizubehalten. Es sind keine Änderungen vorzunehmen.

Bewertung im Jahresabschluss 2012
Die Gründe für die außerplanmäßige Abschreibung aus dem Jahr 2010 sind weggefallen. Es ist gemäß § 253 Abs. 5 HGB eine Zuschreibung vorzunehmen. Die Zuschreibung darf maximal bis zu den Anschaffungskosten erfolgen (Anschaffungswertprinzip). Wenn dies nicht beachtet wird, würden sich nicht realisierte Gewinne ergeben (§ 252 Abs. 1 Nr. 4 HGB; Realisationsprinzip).

Im Jahresabschluss 2012 wird eine Zuschreibung in Höhe von 120.000 € vorgenommen, sodass das Grundstück mit 200.000 € bilanziert wird.

Lösung zu Aufgabe 13: Stille und offene Rücklagen

a) Offene Rücklagen sind sichtbare Rücklagen in der Bilanz der Kapitalgesellschaft, d. h. sie sind für den Bilanzleser erkennbar. Offene Rücklagen sind im Eigenkapital in Form von Kapitalrücklagen und Gewinnrücklagen enthalten.

Kapitalrücklagen entstehen z. B. durch ein Agio (Aufgeld) bei der Ausgabe von Aktien einer Aktiengesellschaft.

Gewinnrücklagen entstehen, wenn der Jahresüberschuss ganz oder teilweise im Unternehmen verbleibt. Dabei wird der Gewinn, der nicht ausgeschüttet wird, den Gewinnrücklagen zugeführt. Es werden gesetzliche, satzungsmäßige und sonstige Gewinnrücklagen unterschieden.

Stille Rücklagen (stille Reserven) entstehen z. B. durch die Anwendung des Anschaffungswertprinzips. Vermögensgegenstände dürfen in der Bilanz maximal mit den Anschaffungs- oder Herstellungskosten angesetzt werden. Auch wenn der Marktwert höher als die Anschaffungs- bzw. Herstellungskosten ist, sind nur diese Kosten anzusetzen.

Stille Reserven sind im Jahresabschluss nicht zu erkennen. Kenntnis hiervon erhalten grundsätzlich nur interne Bilanzleser, externe nicht. Sie sind das Ergebnis des Grundsatzes der Vorsicht, der besagt, dass Gewinne erst ausgewiesen werden dürfen, wenn sie realisiert wurden (Realisationsprinzip).

Kauft ein Unternehmen z. B. ein Grundstück mit Anschaffungskosten von 50.000 € im Jahr 2010 und steigt der Marktwert aufgrund besserer Infrastruktur in den Folgejahren auf 70.000 €, ist in der Bilanz das Grundstück trotzdem nur mit den Anschaffungskosten in Höhe von 50.000 € anzusetzen. Die Differenz in Höhe von 20.000 € wird als stille Reserve bezeichnet.

 TIPP

Stille Reserven sollten nach Möglichkeit immer am Beispiel des Grund und Boden erläutert werden. Grund und Boden sind nicht abnutzbare Vermögensgegenstände, bei denen planmäßige Abschreibungen nicht angewendet werden. Es kann natürlich auch jeder andere Vermögensgegenstand angewendet werden, planmäßige Abschreibungen sind dann mit einzubeziehen.

b) Stille Reserven sind grundsätzlich in der Bilanz nicht erkennbar. Analysiert also ein Unternehmensfremder den Jahresabschluss, hat er keine Kenntnis von den stillen Reserven. Daher wird von einem geringeren Substanzwert ausgegangen. Der externe Bilanzleser erhält also nicht unmittelbar ein den tatsächlichen Verhältnissen entsprechendes Bild des Unternehmens.

Wichtig ist die Kenntnis von stillen Reserven besonders, wenn die externe Analyse von einem Gläubiger (z. B. einer Bank) durchgeführt wird. Stille Reserven stellen zusätzliches Vermögen und somit zusätzliche Sicherheit da.

Lösung zu Aufgabe 14: Imparitätsprinzip, Buchungsgrundsätze, Bücher der Buchführung

a) Das **Imparitätsprinzip** ist abgeleitet aus dem Grundsatz der Vorsicht des § 252 Abs. 1 Nr. 4 HGB. Es beschreibt die Ungleichbehandlung der Erfassung von Gewinnen und Verlusten im Jahresabschluss.

Gewinne dürfen erst dann im Jahresabschluss ausgewiesen werden, wenn sie realisiert sind. Verluste dagegen müssen im Jahresabschluss ausgewiesen werden, selbst wenn sie drohen, d. h. sie müssen noch nicht realisiert sein.

LÖSUNGEN

Beispiel

Ein Unternehmen schließt im Dezember 2012 mit einem Kunden einen Vertrag über Waren zum Festpreis von 1.000 € netto. Die Lieferung soll im Januar 2013 erfolgen. (Abschlussstichtag ist der 31.12.) Die Kalkulation des Unternehmers sieht Kosten von 950 € vor, sodass ein Gewinn von 50 € geplant ist.

Angenommen, am 31.12.2012 liegen die zum Tageswert ermittelten Kosten immer noch bei 950 €, dann kann das Unternehmen im Januar 2013 einen Gewinn von 50 € erzielen. Dieser Gewinn darf allerdings im Jahresabschluss 2012 noch nicht ausgewiesen werden, da er erst 2013 realisiert wird.

Angenommen am 31.12.2012 liegen die zum Tageswert ermittelten Kosten für die Ware bei 1.100 € (z. B. durch sprunghafte Erhöhung der Beschaffungspreise). Am Abschlussstichtag sieht es also so aus, dass im Januar 2013 durch das Geschäft ein Verlust zu entstehen droht. Der Verlust ist am 31.12.2012 zwar noch nicht realisiert, aber er muss im Jahresabschluss 2012 als „drohender Verlust" passiviert werden.

b) Die Geschäftsfälle in einem Unternehmen müssen in Form von Belegen erfasst werden. Bei der Buchung der Geschäftsfälle hat sich das Unternehmen u. a. an folgende Grundsätze zu halten:

- richtig
- vollständig
- zeitnah
- verständlich.

Unter **richtigem** Erfassen wird verstanden, dass die Geschäftsfälle auf den richtigen Konten gebucht und den richtigen Bereichen des Jahresabschlusses, also der Bilanz bzw. Gewinn- und Verlustrechnung zugeordnet werden.

Vollständige Erfassung bedeutet, dass alle Geschäftsfälle im Unternehmen erfasst werden. Dies ist abgeleitet vom Grundsatz der Vollständigkeit, d. h. es darf nichts im Jahresabschluss weggelassen bzw. „hinzugedichtet" werden. Es sind nicht nur externe Belege, wie Eingangsrechnungen, Kassenbelege etc. zu buchen, sondern auch interne Belege wie z. B. Materialentnahmescheine oder sonstige Buchungsanweisungen.

Zeitnah bedeutet, dass die Belege nach ihrer Entstehung dem gewöhnlichen Geschäftsgang entsprechend zeitnah gebucht werden sollen.

Verständlichkeit der Buchung ist abgeleitet aus dem Grundsatz der Klarheit und Übersichtlichkeit. Die Buchungen, die im Unternehmen erfasst werden, müssen für einen sachverständigen Dritten nachvollziehbar sein. Er muss in angemessener Zeit nachvollziehen können, was durch die jeweilige Buchung erfasst wurde.

c) Die Bücher der Buchführung sind:

- Grundbuch
- Hauptbuch
- Nebenbücher.

Im **Grundbuch** werden die Geschäftsfälle des Unternehmens zeitlich geordnet erfasst. Praktisch bedeutet dies, dass die Geschäftsfälle kontiert werden.

Im **Hauptbuch** werden die Geschäftsfälle sachlich erfasst. Dies bedeutet, dass die Geschäftsfälle den entsprechenden Konten zugeordnet werden müssen.

In den **Nebenbüchern** werden spezielle Bereiche separat detailliert erfasst, die dann meist in Form eines Saldos in das Grund- bzw. Hauptbuch übertragen werden. Nebenbücher sind z. B. Kassenbuch, Lagerbuch, Debitorenbuch.

LÖSUNGEN

2. Finanzbuchhaltung
Lösung zu Aufgabe 1: Aufgaben der Finanzbuchhaltung

Aufgaben der Buchführung sind u. a.:

1. Dokumentation der Geschäftsfälle (Belegfunktion)

2. Feststellung des Standes von Vermögen und Kapital zum Abschlussstichtag (Erstellung einer Schlussbilanz)

3. Ermittlung des Unternehmenserfolges (Erstellung der Gewinn- und Verlustrechnung)

4. Grundlage der Besteuerung.

zu 1.
Eine erste zentrale Aufgabe der Buchführung ist die Dokumentation. Alle Geschäftsfälle im Unternehmen müssen durch Belege dargestellt werden. Belege entstehen hauptsächlich in Form von Rechnungen, Kassenbelegen, Bankauszügen, Buchungsanweisungen etc.

Ist ein Geschäftsfall nicht durch einen Beleg dokumentiert, gilt er als nicht stattgefunden.

Es werden interne und externe Belege unterschieden.

 INFO

> Kommt ein Beleg abhanden, oder wird er unlesbar, ist es möglich so genannte Hilfsbelege als Nachweis zu erstellen, dass der Geschäftsfall stattgefunden hat.
>
> Allerdings ist es in diesen Fällen nicht möglich, die eventuell gezahlte Umsatzsteuer als Vorsteuer vom Finanzamt zurückzufordern.

zu 2.
Am Jahresende stellt der Kaufmann für sein Unternehmen eine Bilanz auf, hierin stellt er die Art und Höhe seines Vermögens und Kapitals gegenüber. Die Aufstellung der Bilanz dient dazu, sowohl interne als auch externe Adressaten über die Vermögens- und Finanzlage zu informieren.

Für Kapitalgesellschaften ist der Bilanzaufbau in § 266 HGB normiert.

Für Personenunternehmen besteht hingegen keine gesetzliche Norm, wie die Bilanz aufgebaut sein muss, aus Gründen der Sicherheit halten sich aber auch Personenunternehmen grundsätzlich an die Anforderungen des § 266 HGB.

zu 3.
Der Unternehmenserfolg, Gewinn oder Verlust, ergibt sich aus der Gegenüberstellung von Erträgen und Aufwendungen in der Gewinn- und Verlustrechnung. Er stellt den Erfolg aus allen unternehmerischen Aktivitäten dar.

Abgegrenzt zum Betriebserfolg der den Gewinn oder Verlust aus der betrieblichen Tätigkeit darstellt.

Die Aufstellung der Gewinn- und Verlustrechnung dient internen und externen Adressaten als Information über die Ertragslage des Unternehmens.

Kapitalgesellschaften müssen sich bei der Aufstellung der Gewinn- und Verlustrechnung an die Anforderungen des § 275 HGB halten.

Für Personenunternehmen gibt es grundsätzlich keine Norm über den Aufbau der Gewinn- und Verlustrechnung, es wird allerdings grundsätzlich der Aufbau des § 275 HGB genutzt.

zu 4.
Der ermittelte Unternehmenserfolg in Form von steuerlichem Gewinn oder Verlust dient als Grundlage der Besteuerung.

Der steuerliche Gewinn einer GmbH dient z. B. der Bemessung der Körperschaftssteuer und Gewerbesteuer.

Der steuerliche Gewinn einer Personenunternehmung wird zur Bemessung der Einkommensteuer bzw. Gewerbesteuer benötigt.

 ACHTUNG

> Der steuerliche Gewinn kann nicht sofort mit dem jeweiligen Steuersatz multipliziert werden, sondern dient den jeweiligen Einzelsteuergesetzen als Ausgangsbasis und wird bei der Berechnung des zu versteuernden Einkommens jeweils noch korrigiert.

Weitere Aufgaben der Buchführung sind z. B.
- Unterlagen der Buchführung dienen als Beweismittel
- Daten aus der Buchführung bilden Grundlage für die Kostenrechnung
- ...

Lösung zu Aufgabe 2: Inventurvereinfachungsverfahren

Gesetzliche Grundlagen für die Inventur sind: § 240 HGB; R 5.3 EStR.

Bei den Inventurvereinfachungsverfahren wird grundsätzlich nach Zeitpunkt unterschieden:

- Verlegte (zeitverschobene) Inventur
- Stichtagsinventur
- Permanente Inventur.

Verlegte (zeitverschobene) Inventur

Bei der verlegten Inventur kann die körperliche Bestandsaufnahme in einem Zeitraum von 3 Monaten vor oder 2 Monaten nach dem Abschlussstichtag erfolgen. Ist der Abschlussstichtag der 31.12., so kann die Inventur zwischen dem 01.10. bis 28.02. durchgeführt werden. Der Bestand muss dann jeweils auf den Abschlussstichtag wertmäßig vor- oder zurückgerechnet werden.

Stichtagsinventur

Bei der Stichtagsinventur findet die körperliche Bestandsaufnahme in einem Zeitraum von 10 Tagen vor oder nach dem Abschlussstichtag statt. Ist der Abschlussstichtag der 31.12. so ist das der Zeitraum zwischen dem 21.12. und dem 10.01. des Folgejahres. Der Bestand wird dann mengen- und wertmäßig auf den Abschlussstichtag vor- oder zurückgerechnet.

Permanente Inventur

Bei der permanenten Inventur kann die körperliche Bestandaufnahme an einem beliebigen Zeitpunkt innerhalb des Geschäftsjahres stattfinden, um den Bestand zu überprüfen. Der Bestand am Abschlussstichtag wird dann der Lagerkartei entnommen, da die Zu- und Abgänge laufend erfasst werden.

 INFO

Nach dem Umfang der Inventur kann auch eine Stichprobeninventur durchgeführt werden:

Stichprobeninventur
Bei der Stichprobeninventur wird der Lagerbestand auf Basis von anerkannten mathematisch-statistischen Methoden ermittelt. Es wird eine Teilmenge körperlich aufgenommen und dann auf die Gesamtmenge hochgerechnet.

Lösung zu Aufgabe 3: Inventar

Inventar
der Hans Hansen e. K., zum 31. Dezember …

	€	€
A. Vermögen		
I. Anlagevermögen		
1. Gebäude		250.000,00
2. Technische Anlagen		50.000,00
3. Fuhrpark		30.000,00
II. Umlaufvermögen		
1. Materialien und Bauteile		
Rohstoffe	10.000,00	
Vorprodukte	20.000,00	30.000,00
2. Unfertige Leistungen		
3. Forderungen a. LL		
Frida Schmidt e. K.	40.000,00	
Ludwig GmbH	70.000,00	110.000,00
4. Bankguthaben		
Ostsee Sparkasse		100.000,00
5. Kassenbestand		5.000,00
Summe des Vermögens		**575.000,00**
B. Schulden		
I. Langfristige Bankverbindlichkeiten		
1. Darlehen ggü. DA-Bank		100.000,00
II. Kurzfristige Schulden		
1. Verbindlichkeiten a. LL		
Meier GmbH	75.000,00	
Müller AG	50.000,00	125.000,00
2. Sonstige Verbindlichkeiten		
Verbindlichkeiten ggü. der Krankenkasse		10.000,00
Summe der Schulden		**235.000,00**
C. Ermittlung des Eigenkapitals		
Summe des Vermögens		575.000,00
- Summe der Schulden		235.000,00
Eigenkapital (Reinvermögen)		**340.000,00**

Das Inventar wird in Staffelform erstellt. Das heißt, es werden untereinander zuerst das Vermögen und dann die Schulden dargestellt. Als Differenz aus Vermögen und Schulden wird das Eigenkapital (Reinvermögen) ermittelt.

Das Inventar wird auf Basis der durchgeführten Inventur aufgestellt und dient als Grundlage zur Erstellung der Bilanz.

Ein Inventar wird nicht unterschrieben.

Lösung zu Aufgabe 4: Bestandteile des Jahresabschlusses

a) Der Jahresabschluss einer kleinen Kapitalgesellschaft besteht gem. § 264 HGB aus

- der Bilanz (§ 266 HGB),
- der Gewinn- und Verlustrechnung (§ 275 HGB) und
- dem Anhang (§§ 284 ff. HGB).

b) Die **Bilanz** ist eine Gegenüberstellung von Aktiva (Vermögen) und Passiva (Kapital) zum Abschlussstichtag.

Die Aktiva gliedert sich in

- Anlagevermögen
- Umlaufvermögen
- Abgrenzungsposten
- Aktive latente Steuern
- Aktiver Unterschiedsbetrag aus der Vermögensverrechnung.

Die Passiva gliedert sich in

- Eigenkapital
- Rückstellungen
- Verbindlichkeiten
- Abgrenzungsposten
- Passive latente Steuern.

Die Bilanz ist in Kontoform aufzustellen. Der Aufbau der Bilanz regelt sich für Kapitalgesellschaften in § 266 HGB.

Die Bilanz muss unterzeichnet werden:

- bei Einzelunternehmen durch den Inhaber
- bei offenen Handelsgesellschafter (OHG) durch die Gesellschafter
- bei Kommanditgesellschaften (KG) durch den/die Vollhafter
- bei Gesellschaft mit beschränkter Haftung (GmbH) durch den/die Geschäftsführer
- bei Aktiengesellschaften (AG) durch den Vorstand.

Die **Gewinn- und Verlustrechnung** besteht aus der Gegenüberstellung der Erträge und Aufwendungen eines Geschäftsjahres. Es wird der Unternehmenserfolg der Kapitalgesellschaft ermittelt.

Der Aufbau der Gewinn- und Verlustrechnung ist in § 275 HGB geregelt. Die Gewinn- und Verlustrechnung kann nach dem Gesamtkosten- bzw. nach dem Umsatzkostenverfahren dargestellt werden.

Der **Anhang** dient dazu, die Posten der Bilanz und Gewinn- und Verlustrechnung näher zu erläutern, hierdurch soll dem Bilanzleser Informationen über die Bewertungs- und Bilanzierungsgrundsätze und über die in Anspruch genommenen Wahlrechte gegeben werden.

Die Anforderungen an den Anhang sind in den §§ 284 ff. HGB geregelt. Der Anhang soll mit der Bilanz sowie der Gewinn- und Verlustrechnung eine Einheit bilden.

Lösung zu Aufgabe 5: Grundaufbau der Bilanz

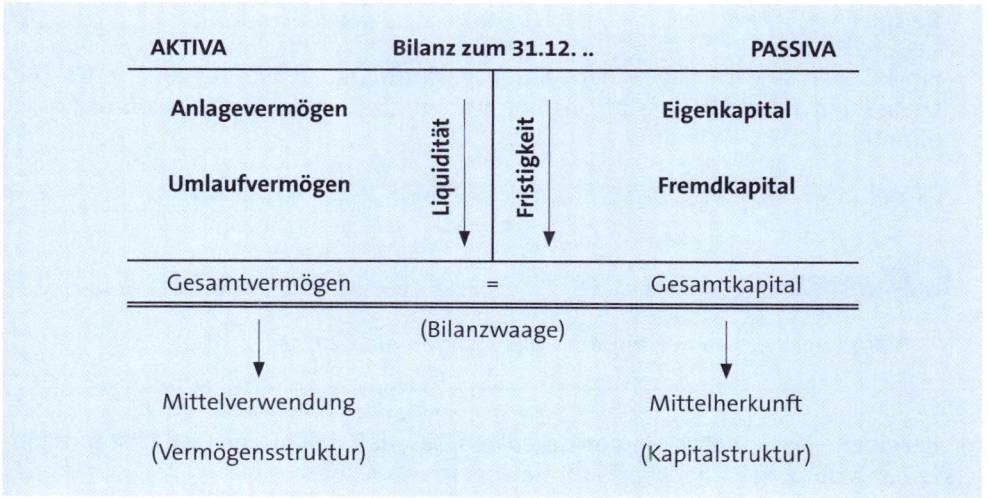

Erläuterung:
Die Bilanz besteht aus Aktiva (Vermögensseite) und Passiva (Kapitalseite).

Die Aktiva bestehen grundsätzlich aus dem Anlage- und Umlaufvermögen. In der Summe ergibt sich das Gesamtvermögen. Die Aktiva sind gegliedert nach aufsteigender Liquidität. Das bedeutet, dass die Vermögensgegenstände, die am „schwersten" zu Geld zu machen sind, ganz oben stehen (Grund und Boden) und die Vermögensgegenstände, bei denen ein direkter Zugriff auf die Liquidität gegeben ist, unten (Kasse).

Die Passiva bestehen aus dem Eigen- und Fremdkapital. In der Summe ergibt sich das Gesamtkapital. Die Passiva sind gegliedert nach der Fristigkeit. Das bedeutet, dass die

Kapitalposten mit der längsten Gesamtlaufzeit „oben" auf der Passivseite stehen. Dies ist grundsätzlich das Eigenkapital, weil dieses im Normalfall zeitlich unbegrenzt zur Verfügung steht. Danach werden die Fremdkapitalposten (Rückstellungen und Verbindlichkeiten) jeweils nach ihrer Gesamtlaufzeit angeordnet.

Das Gesamtvermögen der Aktiva, muss mit dem Gesamtkapital der Passiva übereinstimmen. Man spricht von der sogenannten Bilanzwaage.

Die Passiva zeigt die Mittelherkunft (Woher stammt das Kapital?/Wie ist das Unternehmen finanziert.).

Die Aktiva zeigt die Mittelverwendung (Wie wurde das Kapital verwendet?/Wie wurde investiert?).

Lösung zu Aufgabe 6: Wertveränderungen in der Bilanz I

a) Bei einem Aktivtausch werden durch den Geschäftsfall nur aktive Bestandskonten angesprochen. Die Bilanzsumme ändert sich nicht.

Beispiel

Ein PC-System wird gegen Barzahlung gekauft. Das aktive Bestandskonto „Betriebs- und Geschäftsausstattung" nimmt zu, das aktive Bestandskonto „Kasse" nimmt ab.

 INFO

Vorsteuer wird aus Vereinfachungsgründen nicht berücksichtigt!

b) Bei einem Passivtausch werden durch den Geschäftsfall nur passive Bestandskonten angesprochen. Die Bilanzsumme ändert sich nicht.

Beispiel

Mit einem Lieferanten wird vereinbart, dass eine fällige Materialrechnung in 48 Monatsraten bezahlt wird.

Das passive Bestandskonto „Verbindlichkeiten aus Lieferungen und Leistungen" nimmt ab, das passive Bestandskonto „Langfristige Verbindlichkeiten" nimmt zu.

LÖSUNGEN

c) Bei einer Aktiv-/Passivmehrung werden durch den Geschäftsfall sowohl ein aktives als auch ein passives Bestandskonto angesprochen, wobei beide Konten zunehmen. Dadurch wird die Bilanzsumme im Wert des Geschäftsfalles erhöht.

Beispiel

Es werden Rohstoffe auf Ziel (Rechnung) gekauft.

Das aktive Bestandskonto „Rohstoffe" nimmt zu. Das passive Bestandskonto „Verbindlichkeiten aus Lieferungen und Leistungen" nimmt ebenfalls zu.

 INFO

Vorsteuer wird aus Vereinfachungsgründen nicht berücksichtigt!

d) Bei einer Aktiv-/Passivminderung werden durch den Geschäftsfall sowohl ein aktives Bestandskonto, als auch ein passives Bestandskonto angesprochen. Beide Konten nehmen ab. Die Bilanzsumme mindert sich in Höhe des Wertes des Geschäftsfalls.

Beispiel

Eine fällige Lieferantenrechnung wird per Banküberweisung bezahlt.

Das aktive Bestandskonto „Bank" nimmt ab. Das passive Bestandskonto „Verbindlichkeiten aus Lieferungen und Leistungen" nimmt ebenfalls ab.

 ACHTUNG

Wenn Geschäftsfälle ausschließlich Bilanzkonten ansprechen würden, könnte kein Unternehmenserfolg ermittelt werden.

Deshalb gibt es zusätzlich Geschäftsfälle, die Aufwendungen und Erträge verursachen. Diese Geschäftsfälle werden dann in der Gewinn- und Verlustrechnung erfasst.

Durch die Gegenüberstellung von Erträgen und Aufwendungen wird der Gewinn bzw. Verlust ermittelt. Wird dieser nicht ausgeschüttet, wird er dem Eigenkapital zugerechnet.

Lösung zu Aufgabe 7: Wertveränderungen in der Bilanz II

Geschäftsfall	(1)	(2)	(3)	(4)
Kauf eines Computers im Wert von 2.000 €. Zahlung bar.	X			
Erläuterung: Durch den Geschäftsfall wird das aktive Bestandskonto „Betriebs- und Geschäftsausstattung" (Zunahme) und das aktive Bestandskonto „Kasse" (Abnahme) angesprochen. Es handelt sich um einen Aktivtausch.				
Umwandlung eines Lieferantenkredites in ein Darlehen. Höhe 50.000 €.		X		
Erläuterung: Durch den Geschäftsfall wird das passive Bestandskonto „Verbindlichkeiten aus Lieferungen und Leistungen" (Abnahme) und das passive Bestandskonto „Darlehen/langfristige Verbindlichkeiten" (Zunahme) angesprochen. Es handelt sich um einen Passivtausch.				
Bezahlung einer gebuchten Eingangsrechnung in Höhe von 10.000 € per Banküberweisung.				X
Erläuterung: Durch den Geschäftsfall werden das passive Bestandskonto „Verbindlichkeiten aus Lieferungen und Leistungen" (Abnahme) und das aktive Bestandskonto „Bank" (Abnahme) angesprochen. Es handelt sich um eine Aktiv-/Passivminderung.				
Aufnahme eines Darlehens in Höhe von 100.000 €. Die Auszahlung erfolgt auf das betriebliche Bankkonto.			X	
Erläuterung: Durch den Geschäftsfall werden das aktive Bestandskonto „Bank" (Zunahme) und das passive Bestandskonto „Darlehen/langfristige Verbindlichkeiten" (Zunahme) angesprochen. Es handelt sich um eine Aktiv-/Passivmehrung.				
Ein Kunde zahlt seine offene Rechnung in Höhe von 1.000 € bar.	X			
Erläuterung: Durch den Geschäftsfall wird das aktive Bestandskonto „Kasse" (Zunahme) und das aktive Bestandskonto „Forderungen aus Lieferungen und Leistungen" (Abnahme) angesprochen. Es handelt sich um einen Aktivtausch.				

Lösung zu Aufgabe 8: Erstellung einer Bilanz I

a) Erstellung einer Schlussbilanz zum 31.12.2011 die den gesetzlichen Anforderungen entspricht

AKTIVA	Bilanz der Hans Hansen e. K. zum 31.12.2011		PASSIVA	
	Euro			Euro
A. Anlagevermögen		**A. Eigenkapital**		
II. Sachanlagen		I. Kapital	725.000,00	
1. Grundstücke, grundstücksgleiche Rechte und Bauten	975.000,00	Summe A. Eigenkapital		725.000,00
2. technische Anlagen und Maschinen		**B. Rückstellungen**		
3. andere Anlagen, Betriebs- und Geschäftsausstattung	145.000,00	1. Rückstellungen für Pensionen und ähnl. Verpflichtungen	125.000,00	125.000,00
Summe II. Sachanlagen	1.120.000,00	**C. Verbindlichkeiten**		
Summe A. Anlagevermögen	1.120.000,00	1. Verbindlichkeiten gegenüber Kreditinstituten	150.000,00	
B. Umlaufvermögen		3. Verbindlichkeiten aus Lieferungen u. Leistungen	180.000,00	
I. Vorräte		8. sonstige Verbindlichkeiten	55.000,00	
1. Roh-, Hilfs- und Betriebsstoffe	10.000,00	-davon aus Steuern	55.000	
2. unfertige Erzeugnisse		Summe C. Verbindlichkeiten		385.000,00
Summe I. Vorräte	10.000,00			
II. Forderungen und sonstige Vermögensgegenstände				
1. Forderungen aus Lieferungen und Leistungen	20.000,00			
Summe II. Forderungen und sonstige Vermögensgegenstände	20.000,00			
IV. Kassenbestand, Guthaben b. Kreditinstituten, Postgiro	85.000,00			
Summe B. Umlaufvermögen	115.000,00			
Summe Aktiva	**1.235.000,00**	**Summe Passiva**		**1.235.000,00**

Zusammensetzung Bestände:

1. Grundstücke, grundstücksgleiche Rechte und Bauten	975.000,00 €	
Grund und Boden		400.000,00 €
Gebäude		575.000,00 €
3. andere Anlagen, Betriebs- und Geschäftsausstattung	145.000,00 €	
Betriebs- und Geschäftsausstattung		75.000,00 €
Fuhrpark		70.000,00 €
IV. Kassenbestand, Guthaben b. Kreditinstituten, Postgiro	85.000,00 €	
Bank		70.000,00 €
Kasse		15.000,00 €

LÖSUNGEN

 **INFO**

Für Personenunternehmen gibt es laut HGB keine gesetzliche Norm wie die zu erstellende Bilanz gegliedert ist.

Zur Rechtssicherheit orientieren sich Personenunternehmen an den gesetzlichen Anforderungen der Bilanz gemäß § 266 HGB, die für Kapitalgesellschaften gelten.

In dem vorliegenden Fall der Einzelunternehmung ist gefordert, sich an den gesetzlichen Anforderungen des § 266 HGB zu orientieren.

Sollten Sie einen solchen Fall bearbeiten müssen, gibt es bei einer zwar zahlenmäßig richtig aufgestellten Bilanz, die allerdings nicht den gesetzlichen Normen entspricht, Punkteabzug!

b) 1.

$$\text{Eigenkapitalquote} = \frac{\text{Eigenkapital} \cdot 100}{\text{Gesamtkapital}}$$

$$= \frac{725.000\,€ \cdot 100}{1.235.000\,€} = 58{,}7\,\%$$

2.

$$\text{Eigenkapitalrentabilität} = \frac{\text{Gewinn} \cdot 100}{\text{Eigenkapital}}$$

$$= \frac{75.000\,€ \cdot 100}{650.000\,€} = 11{,}5\,\%$$

Erläuterung:
Die Eigenkapitalrentabilität ergibt sich, indem der Gewinn ins Verhältnis zum Eigenkapital gesetzt wird.

Da im vorliegenden Fall keine Gewinn- und Verlustrechnung gegeben ist, wird der Gewinn über den sogenannten Betriebsvermögensvergleich ermittelt. Das heißt, die Differenz zwischen dem Eigenkapital (Endbestand) und Eigenkapital (Anfangsbestand) korrigiert um Privatentnahmen und -einlagen ergibt den Gewinn.

Im vorliegenden Fall:

    Eigenkapital 31.12.2011 725.000 €
- Eigenkapital 31.12.2010 650.000 €
- = **Gewinn**   **75.000 €**

Privatentnahmen und Privateinlagen sind nicht zu berücksichtigen!

Die Bezugsgröße für den Gewinn ist das Eigenkapital. Es wird grundsätzlich das Eigenkapital am Jahresanfang in der Formel verwendet. Im vorliegenden Fall sind dies 650.000,00 €.

Alternativ kann allerdings auch das durchschnittliche Eigenkapital verwendet werden.

$$\text{durchschnittliches Eigenkapital} = \frac{\text{Eigenkapital 31.12.2011} + \text{Eigenkapital 31.12.2010}}{2}$$

$$= \frac{725.000\ € + 650.000\ €}{2} = 687.500\ €$$

3.
$$\text{Gesamtkapitalrentabilität} = \frac{(\text{Gewinn} + \text{Fremdkapitalzinsen}) \cdot 100}{\text{Gesamtkapital}}$$

$$= \frac{(75.000\ € + 10.000\ €) \cdot 100}{1.235.000\ €} = 6,9\ \%$$

 TIPP

Ist Ihnen laut Aufgabenstellung kein Hinweis gegeben, nehmen Sie das Gesamtkapital am Jahresende!

Alternativ kann bei gegebenen Werten auch das durchschnittliche Gesamtkapital verwendet werden.

4.
$$\text{Umsatzrentabilität} = \frac{\text{Gewinn} \cdot 100}{\text{Umsatzerlöse}}$$

$$= \frac{75.000\ € \cdot 100}{10.000.000\ €} = 0,75\ \%$$

Lösung zu Aufgabe 9: Erstellung einer Bilanz II

a)

AKTIVA	Bilanz der Hans Hansen e. K. zum 31.12.2011		PASSIVA	
	Euro			Euro
Anlagevermögen		**Eigenkapital**		794.000,00
Grundstücke und Bauten	450.000,00	**Fremdkapital**		
Betriebs- und Geschäftsausstattung	180.000,00	Hypothekenschulden	270.000,00	
	630.000,00	Darlehen	170.000,00	
Umlaufvermögen		Verbindlichkeiten aus LL	110.000,00	
Roh-, Hilfs- und Betriebsstoffe	520.000,00			550.000,00
Forderungen aus LL	80.000,00			
Bankguthaben	106.000,00			
Kasse	8.000,00			
	714.000,00			
Summe Aktiva	1.344.000,00	**Summe Passiva**		1.344.000,00

INFO

Laut Aufgabe soll eine ordnungsgemäße Bilanz erstellt werden. Da es sich um eine Einzelunternehmung handelt, kann das Unternehmen sich an der Bilanzgliederung des § 266 HGB halten, muss es aber nicht.

In Abgrenzung zur Teilaufgabe 08. wurde die Bilanz dieser Aufgabe frei von einem vorgefertigten gesetzlichen Schema erstellt. Auch in dieser Form wird die Bilanz anerkannt.

Bedenken Sie aber, dass diese Ausnahme nur für Personenunternehmen gilt (Einzelunternehmen, Offene Handelsgesellschaft, Kommanditgesellschaft).

b) Kennzahlen zur Beurteilung der Finanzierung sind z. B.

- Eigenkapitalquote
- Fremdkapitalquote
- Statischer Verschuldungsgrad
- Deckungsgrad I und II
- …

$$\text{Eigenkapitalquote} = \frac{\text{Eigenkapital} \cdot 100}{\text{Gesamtkapital}}$$

$$= \frac{794.000 \,€ \cdot 100}{1.344.000 \,€} = 59,1\,\%$$

Die Eigenkapitalquote ist u. a. Indikator für die Unabhängigkeit des Unternehmens von Gläubigern und die Liquiditätslage des Unternehmens.

Umso höher die Eigenkapitalquote ist, desto unabhängiger ist das Unternehmen von Gläubigern, da eine hohe Eigenfinanzierung vorgenommen wurde.

Aus Sicht der Liquidität ist eine hohe Eigenkapitalquote auch wünschenswert. Bei einer hohen Eigenkapitalquote ist die Belastung in Form von Zins und Tilgung für das Fremdkapital niedriger, als bei geringer Eigenkapitalquote, und somit hat die hohe Eigenkapitalquote einen positiven Effekt auf die Liquidität.

Eine hohe Eigenkapitalquote kann aber auch rentabilitätshemmend wirken (Leverage-Effekt). Dieser Zielkonflikt zwischen Liquidität und Rentabilität ist bei der Finanzierung eines Unternehmens immer zu beachten.

Im vorliegenden Fall hat das Unternehmen eine Eigenkapitalquote von 59 %. Dies ist als sehr gut einzuschätzen. Aus Sicht der vertikalen Finanzierungsregel (1:1-Regel) ist diese voll erfüllt, und aus Sicht der Banken ist die Finanzierung des Unternehmens optimal.

$$\text{Deckungsgrad II} = \frac{\text{langfristiges Kapital} \cdot 100}{\text{Anlagevermögen}}$$

$$= \frac{1.234.000 \,€ \cdot 100}{630.000 \,€} = 195,9\,\%$$

Mit dem Deckungsgrad II wird geprüft, inwieweit das langfristige Kapital das langfristige Vermögen deckt.

Die Aussage dieser Kennzahl ist hoch, da die Fristenkongruenz zwischen der Zähler- und Nennergröße (oder anders ausgedrückt: zwischen Investition und Finanzierung) geprüft wird.

Der Deckungsgrad II dient u. a. dazu, die horizontalen Finanzierungsregeln zu überprüfen. Grundsätzlich gilt, dass langfristiges Vermögen auch langfristig finanziert werden soll.

Ist der Deckungsgrad II größer als 100 % ist diese Regel erfüllt.

LÖSUNGEN

Allerdings ist zu beachten, wenn die Kennzahl weit über 100 % liegt (wie in diesem Fall), dass ein Großteil des Umlaufvermögens auch langfristig finanziert ist. Das Umlaufvermögen soll allerdings nur kurzfristig dienen. Es ist das Unternehmen also hierauf nochmals zu untersuchen.

c) Ist das Anlagevermögen voll mit Eigenkapital finanziert, bedeutet dies, dass keine Kapitaldienste in Form von Zins und Tilgung durch das Unternehmen hierfür geleistet werden müssen.

Außerdem kann das Unternehmen flexibler auf Marktveränderungen reagieren, da die Vermögensgegenstände nicht fremdfinanziert sind und somit entweder verkauft werden können bzw. beliehen werden. Das Unternehmen ist also unabhängiger.

Lösung zu Aufgabe 10: Erstellung einer Bilanz III

a) In der Aufgabenstellung sind Vermögenswerte gegeben, diese stellen die Aktiva der Bilanz dar. Die Informationen über die Finanzierung geben Aufschluss darüber, wie sich die Passiva der Bilanz zusammensetzen. Die Höhe der einzelnen Passivposten muss zuerst auf Basis der gegebenen Daten ermittelt werden. Dies kann folgendermaßen dargestellt werden:

Vermögens-gegenstand	Bestand 31.12.2011	Finanzierung				
		Eigenkapital	Hypothek	Darlehen	Verbindlichkeiten aus Lieferung und Leistungen	sonstige Verbindlichkeiten
Warenvorräte	50.000,00 €	15.000,00 €			35.000,00 €	
Grund und Boden	250.000,00 €	250.000,00 €				
Forderungen aus Lieferungen und Leistungen	400.000,00 €	400.000,00 €				
Transporter (Fahrzeug für Auslieferungen)	35.000,00 €	19.250,00 €		15.750,00 €		
Bank	100.000,00 €	40.000,00 €				60.000,00 €
Kasse	10.000,00 €	10.000,00 €				
Gebäude	400.000,00 €	80.000,00 €	320.000,00 €			
Geschäftseinrichtung	70.000,00 €	28.000,00 €		42.000,00 €		
PKW, Außendienst	50.000,00 €	25.000,00 €		25.000,00 €		
Summe		867.250,00 €	320.000,00 €	82.750,00 €	35.000,00 €	60.000,00 €
	1.365.000,00 €					1.365.000,00 €
	Summe Aktiva	Summe Passiva				

Nachdem die einzelnen Positionen ermittelt worden sind, kann in einem nächsten Schritt die ordnungsgemäß gegliederte Bilanz erstellt werden:

AKTIVA	Bilanz der Hans Hansen e. K. zum 31.12.2011		PASSIVA	
	Euro			Euro
Anlagevermögen			**Eigenkapital**	867.250,00
Grund und Boden	250.000,00		**Fremdkapital**	
Gebäude	400.000,00		Hypothekenschulden	320.000,00
Geschäftseinrichtung	70.000,00		Darlehen	82.750,00
Fuhrpark	85.000,00	805.000,00	Verbindlichkeiten aus LL	60.000,00	497.750,00
Umlaufvermögen				
Waren	50.000,00			
Forderungen aus LL	400.000,00			
Bankguthaben	100.000,00			
Kasse	10.000,00	560.000,00		
Summe Aktiva		1.365.000,00	**Summe Passiva**	1.365.000,00

b) Um das Eigenkapital zum 31.12.2010 zu ermitteln, sind folgende Grundgedanken nötig:

Gegeben ist das Eigenkapital zum 31.12.2011. Der Gewinn in Höhe von 70.000 € (der im Eigenkapital 31.12.2011 enthalten ist) ist am 31.12.2010 noch nicht erwirtschaftet, deshalb muss er subtrahiert werden.

Die Privateinlagen sind am 31.12.2011 im Eigenkapital enthalten, diese sind am 31.12.2010 noch nicht enthalten und müssen deshalb subtrahiert werden.

Die Privatentnahmen waren am 31.12.2010 noch im Eigenkapital und müssen deshalb zum Eigenkapital vom 31.12.2011 dazu addiert werden.

Die Berechnung lässt sich wie folgt darstellen:

Ermittlung Eigenkapital 31.12.2010

Eigenkapital 31.12.2011	**867.250 €**
- nicht ausgeschütteter Gewinn	70.000 €
+ Privatentnahmen	60.000 €
- Privateinlagen	15.000 €
= Eigenkapital 31.12.2010	**842.250 €**

Lösung zu Aufgabe 11: Begriffe in einer Bilanz

a) **Anlagevermögen**
Anlagevermögen sind alle Vermögensgegenstände, die dem Unternehmen langfristig dienen. Langfristig bedeutet dieses, dass die Vermögensgegenstände dazu bestimmt sind, mehr als 1 Jahr dem Unternehmen zu dienen, z. B. Betriebs- und Geschäftsausstattung, Fuhrpark, …

b) **Umlaufvermögen**
Umlaufvermögen sind alle Vermögensgegenstände die dem Unternehmen kurzfristig dienen, sie verändern sich durch den unternehmerischen Leistungsprozess ständig. Dies sind z. B. Vorräte, Forderungen aus Lieferungen und Leistungen, etc.

c) **Eigenkapital**
Eigenkapital stellt das Kapital der Eigentümer eines Unternehmens dar.

In Personenunternehmen ist das Eigenkapital ein Konto, wobei für jeden Gesellschafter bzw. den Eigentümer ein Konto geführt wird und alle Buchungen (die Eigentümer betreffend) auf diesem Konto getätigt werden.

In Kapitalgesellschaften ist das Eigenkapital die Summe aus verschiedenen „Unterkonten". Das Eigenkapital besteht u. a. aus dem gezeichneten Kapital, der Kapitalrücklage, den Gewinnrücklagen, ggf. aus Jahresüberschuss/-fehlbetrag, etc.

d) **Gezeichnetes Kapital**
Gezeichnetes Kapital stellt das Haftungskapital der Kapitalgesellschaft dar. Bei Gesellschaften mit beschränkter Haftung (GmbH) ist dieses mindestens 25.000 € (Stammkapital), bei Aktiengesellschaften (AG) mindesten 50.000 € (Grundkapital)

e) **Kapitalrücklage**
Die Kapitalrücklage ist Teil des Eigenkapitals. Es wird auch als zusätzliches Haftungskapital bezeichnet. Kapitalrücklagen entstehen in den meisten Fällen aus dem Agio (Aufgeld) aus der Ausgabe von Geschäftsanteilen.

f) **Gewinnrücklagen**
Gewinnrücklagen sind Teil des Eigenkapitals. Sie entstehen dadurch, dass das Unternehmen die erwirtschafteten Gewinne ganz oder teilweise nicht ausschüttet, sondern diese im Unternehmen verbleiben sollen. Diese werden dann der Gewinnrücklage zugeführt. Man spricht von einer sogenannten offenen Selbstfinanzierung. Gewinnrücklagen können unterteilt werden in gesetzliche, satzungsmäßige und andere Gewinnrücklagen.

g) **Rückstellungen**
Rückstellungen werden für ungewisse Verbindlichkeiten bzw. für drohende Verluste aus schwebenden Geschäften gebildet. Ungewiss sind die Verbindlichkeiten, wenn sie von ihrer Art feststehen, allerdings der Zeitpunkt und die Höhe nicht. Sie dienen dem Gläubigerschutz.

h) **Verbindlichkeiten**
Verbindlichkeiten sind finanzielle Verpflichtungen aus Vertragsverhältnissen. Hierbei sind – in Abgrenzung zu den Rückstellungen – der Zeitpunkt und die Höhe der Schuld bekannt.

Lösung zu Aufgabe 12: Ermittlung Unternehmenserfolg I

a) Der Unternehmenserfolg ermittelt sich wie folgt:

Geschäftsfall	Auswirkung auf den Unternehmenserfolg		Bemerkung
	Aufwand	Ertrag	
1.		10.000 €	Barerlöse sind im Dezember wirtschaftlich realisiert.
2.	5.000 €		Die Aufwendungen werden in Höhe des Nettobetrages wirtschaftlich im Dezember realisiert.
3.		500 €	Die Zinsen sind im Dezember wirtschaftlich realisiert.
4.	500 €		Die Dezembermiete ist wirtschaftlich dem alten Geschäftsjahr (Monat Dezember) zuzuordnen. Die Miete für Januar und Februar ist zwar im Dezember gezahlt worden, auf Grundlage des Grundsatzes der Periodenabgrenzung sind die Mietaufwendungen für Januar und Februar aber dem neuen Geschäftsjahr zuzuordnen. Es ist eine aktive Rechnungsabgrenzung zu bilden.
5.	400 €		Auch wenn die Zinsen erst im neuen Geschäftsjahr abgebucht werden, sind die Zinsen wirtschaftlich dem alten Geschäftsjahr zuzuordnen. „Grundsatz der Periodenabgrenzung".
	4.600 €		Gewinn für den Monat Dezember

INFO

Die Umsatzsteuer bzw. Vorsteuer hat keinen Aufwands- bzw. Ertragscharakter und wird somit bei der Gewinnermittlung nicht berücksichtigt. Das Konto Umsatzsteuer ist ein passives Bestandskonto, das Konto Vorsteuer ein aktives Bestandskonto.

Somit werden in der Erfolgsrechnung ausschließlich Nettobeträge verwendet!

---

b) Abgrenzung Unternehmensergebnis/Betriebsergebnis:

Das **Unternehmensergebnis** stellt den Gewinn oder Verlust aus allen Unternehmensaktivitäten dar, es wird aus der Gewinn- und Verlustrechnung entnommen.

Das **Betriebsergebnis** stellt den Gewinn oder Verlust aus der betrieblichen Tätigkeit (Kerngeschäft) dar. Es wird in der Kosten- und Leistungsrechnung ermittelt.

Lösung zu Aufgabe 13: Ermittlung Unternehmenserfolg II

a) Ermittlung Unternehmenserfolg:

	Umsatzerlöse	2.500.000 €
+	Zinserträge	50.000 €
=	**Summe Erträge**	**2.550.000 €**
	Materialaufwand	700.000 €
+	Personalaufwendungen	1.250.000 €
+	Abschreibungen	400.000 €
=	**Summe Aufwendungen**	**2.350.000 €**
=	Unternehmenserfolg (Erträge - Aufwendungen)	
	Gewinn	**200.000 €**

Die Bestände der Konten Privatentnahmen, Privateinlagen, Verbindlichkeiten a. LL, Liquide Mittel und Eigenkapital werden bei der Berechnung des Unternehmenserfolges nicht berücksichtigt, da sie bilanzielle Größen sind und nicht in der Gewinn- und Verlustrechnung abgerechnet werden.

b) Entwicklung Eigenkapital:

	Vorläufiges Eigenkapital 31.12. ...	800.000 €
-	Privatentnahmen	100.000 €
+	Privateinlagen	70.000 €
+	Gewinn (Teilaufgabe a)	200.000 €
=	**Eigenkapital 31.12...**	**970.000 €**

Erläuterung:
Das vorläufige Eigenkapital wird um die Privatentnahmen gemindert und um die Privateinlagen erhöht.

Da der Gewinn nicht ausgeschüttet werden soll, erhöht dieser ebenfalls das Eigenkapital.

Lösung zu Aufgabe 14: Ermittlung Anschaffungskosten Grundstück

a) Anschaffungskosten sind gemäß § 255 Abs. 1 HGB alle Aufwendungen um den Vermögensgegenstand zu erwerben und ihn in einen betriebsbereiten Zustand zu versetzen.

Die Anschaffungskosten müssen direkt zurechenbar sein. Die Umsatzsteuern gehören nicht zu den Anschaffungskosten, da sie als Vorsteuern geltend gemacht werden können.

	Anschaffungspreis Grundstück	350.000 €
+	5 % Grunderwerbssteuer	17.500 €
+	Maklercourtage	13.000 €
+	Gutachten	3.000 €
+	Vermessung	7.500 €
+	notarielle Beurkundung	2.500 €
+	Eintragung Grundbuch	1.500 €
=	**Anschaffungskosten**	**395.000 €**

b) Finanzierungskosten gehören lt. Handelsrecht und Steuerrecht nicht zu den Anschaffungskosten.

Lösung zu Aufgabe 15: Ermittlung Anschaffungskosten Maschine, Ermittlung Abschreibung

a) Ermittlung Anschaffungskosten:

Listennettopreis	250.000 €
- Rabatt	25.000 €
	225.000 €
+ Überführung	5.000 €
+ Starkstromanschluss	3.000 €
	233.000 €
- 2 % Skonto	4.660 €
= Anschaffungskosten	**228.340 €**

 TIPP

Finanzierungskosten gehören nicht zu den Anschaffungskosten!

b) Technische Anlagen und Maschinen 233.000,00 €
Vorsteuer 44.270,00 €
an Verbindlichkeiten a. LL 277.270,00 €

c) Verbindlichkeiten a. LL 277.270,00 €
an Technische Anlagen und Maschinen 4.660,00 €
an Vorsteuer 885,40 €
an Bank 271.724,60 €

d)
$$\text{linearer jährlicher Abschreibungsbetrag} = \frac{\text{Anschaffungskosten}}{\text{Nutzungsdauer}}$$

$$= \frac{228.340\ €}{10\ \text{Jahre}} = 22.834\ €$$

Bilanzansatz zum 31.12.2011

Anschaffungskosten 25.01.2011	228.340 €
- Abschreibungen 2011	22.834 €
= Bilanzansatz zum 31.12.2011	**205.506 €**

e) Abschreibung auf Sachanlagen 22.834 €
   an Technische Anlagen und Maschinen 22.834 €

f) Wird ein Vermögensgegenstand unterjährig gekauft, muss im Anschaffungsjahr die Abschreibung zeitanteilig (monatsgenau) berechnet werden.

Der Monat der Anschaffung wird voll mitgerechnet, egal an welchem Tag im Monat die Anschaffung getätigt wurde. Im vorliegenden Fall bedeutet dies, dass für 8 Monate abgeschrieben wird.

$$\text{zeitanteilige Abschreibung} = \text{jährliche Abschreibung} \cdot \frac{8}{12}$$

$$= 22.834{,}00\ € \cdot \frac{8}{12} = 15.222{,}67\ €$$

Lösung zu Aufgabe 16: Berechnung von Herstellungskosten, Bewertung im Jahresabschluss

a) Handels- und steuerrechtlich ist die Wertunter- und -obergrenze bei den Herstellungskosten nach dem Bilanzrechtsmodernisierungsgesetz identisch.

In den Mindestansatz gehören Material- und Fertigungseinzelkosten, außerdem für den Material- und Fertigungsbereich die notwendigen Gemeinkosten.

Die Kosten für die allgemeine Verwaltung sind ein Wahlrecht, wenn diese mit einbezogen werden kommt man zur Wertobergrenze.

Vertriebskosten dürfen nicht in die Herstellungskosten mit einbezogen werden.

Berechnung der Herstellungskosten

		%	pro Stück	für 200 Stück
	Fertigungsmaterial		25,00 €	
+	Materialgemeinkosten	17	4,25 €	
+	Fertigungslöhne		15,00 €	
+	Fertigungsgemeinkosten	75	11,25 €	
=	**Herstellungskosten (Wertuntergrenze)**		55,50 €	11.100,00 €
+	Verwaltungsgemeinkosten	15	8,33 €	
=	**Herstellungskosten (Wertobergrenze)**		63,83 €	12.766,00 €

LÖSUNGEN

 **TIPP**

Steuerrechtlich werden die Wahlrechte nach Veröffentlichung der neuen Einkommensteuerrichtlinien geändert.

---

b) Im Rahmen des Jahresabschlusses werden die Vorräte nach dem strengen Niederstwertprinzip bewertet. Dies bedeutet, dass von zwei möglichen Wertansätzen stets der niedrigere anzusetzen ist.

Für den konkreten Fall (Teilaufgabe a) bedeutet dies:

Die Mayer GmbH hat bei der Zugangsbewertung (erstmaliger Ansatz) das Wahlrecht, die Vorräte mit der Wertober- oder -untergrenze anzusetzen.

Bei der Bewertung im Rahmen des Jahresabschlusses muss das Unternehmen allerdings das strenge Niederstwertprinzip anwenden.

Der Wert der Zugangsbewertung muss am Abschlussstichtag mit dem Marktwert verglichen werden. Der niedrigere von beiden Werten ist zwingend anzusetzen.

Lösung zu Aufgabe 17: Einfluss von Investitionen auf den Jahresabschluss

a) Der Anschaffungsvorgang im vorliegenden Fall hat ausschließlich Auswirkungen auf die Bilanz.

Die Anschaffungskosten betragen 210.000,00 €, die sich wie folgt zusammensetzen:

Ermittlung Anschaffungskosten

	Anschaffungspreis	200.000 €
+	Transportkosten	2.500 €
+	Stromanschluss	1.000 €
+	Fundament	6.500 €
=	**Anschaffungskosten**	**210.000 €**

Die Anschaffungskosten gehen in die Bilanzposition „Technische Anlagen und Maschinen" mit dem Nettobetrag ein.

Die auf die Anschaffungskosten entfallenden Vorsteuern gehen in das Konto „Vorsteuer" in Höhe von 39.900,00 € (= 19 % von 210.000 €) ein.

Da alle Rechnungen direkt per Banküberweisung bezahlt werden, nimmt die Bank in Höhe des Bruttobetrages 249.900,00 € ab.

Es handelt sich um einen Aktivtausch.

b) Durch den Betrieb der Maschine bei Vollauslastung (10.000 Stück) entstehen folgende Kosten:

Fertigungsmaterial	50.000 €	10.000 St. • 5 €/Stück
Fertigungslöhne	100.000 €	10.000 St. • 10 €/Stück
Abschreibung	21.000 €	210.000 € : 10 Jahre Nutzungsdauer

Die einzelnen Kosten gehen in die Gewinn- und Verlustrechnung als Aufwendungen in der oben berechneten Höhe ein.

- Fertigungsmaterial unter der Position „Materialaufwendungen"
- Fertigungslöhne unter der Position „Löhne und Gehälter"
- Abschreibungen unter der Position „Abschreibungen auf Sachanlagen".

Die Abschreibungen mindern außerdem die **Bilanzposition** „Technische Anlagen und Maschinen" in Höhe von 21.000 €. Somit ergibt sich ein Wertansatz zum 31.12.2012 in Höhe von 189.000 €.

Lösung zu Aufgabe 18: Lifo-Methode, Gewogener Durchschnitt

a) Bei der Lifo-Methode (Last in, first out) wird unterstellt, dass die zuletzt eingelagerten Vorräte zuerst entnommen werden. Das bedeutet, dass sich der Bestand aus dem Anfangsbestand und den ersten Zugängen – wenn ausreichend – zusammensetzt.

Im vorliegenden Fall liegt der Bestand bei 150 m³. Dieser setzt sich zusammen aus

	Bestand	Einzelpreis je m³	Gesamtpreis
Zugang 21.01.	75 m³	5,50 €	412,50 €
Zugang 24.04.	50 m³	6,50 €	325,00 €
Zugang 08.07.	25 m³	7,50 €	187,50 €
Summe	**150 m³**		**925,00 €**

b) Bei der Durchschnittsmethode, wird der gewogene Durchschnitt für das gesamte Geschäftsjahr ermittelt. Der Bestand wird dann mit diesem Durchschnittswert bewertet.

	Bestand	Einzelpreis je m³	Gesamtpreis
Zugang 21.01.	75 m³	5,50 €	412,50 €
Zugang 24.04.	50 m³	6,50 €	325,00 €
Zugang 08.07.	250 m³	7,50 €	1.875,00 €
Zugang 10.11.	150 m³	8,50 €	1.275,00 €
Summe	**525 m³**		**3.887,50 €**

Durschnittswert			7,40 €
Wert Bestand	150 m²		1.110,00 €

Lösung zu Aufgabe 19: Bewertung Vorräte

Grundsätzliches

Vorräte werden dem Umlaufvermögen in der Bilanz zugeordnet. Bei der Bewertung des Umlaufvermögens im Rahmen des Jahresabschlusses, gilt das strenge Niederstwertprinzip. Das bedeutet, dass von zwei Wertansätzen stets der niedrigere anzusetzen ist. Dies ist Ausdruck des Grundsatzes der Vorsicht und dient dem Gläubigerschutz.

a) Der Tagespreis für Kiefernholz liegt am Bilanzstichtag unter dem gewogenen Durchschnitt. Das Unternehmen muss zwingend das Kiefernholz mit dem niedrigeren Tagespreis ansetzen. Das bedeutet in der Bilanz erscheint das Kiefernholz unter den Vorräten mit einem Wert von 1.950 € (300 m³ · 6,50 €).

b) In diesem Fall liegt der Wert nach Lifo-Methode unter dem Tagespreis. Auch hier findet das strenge Niederstwertprinzip Anwendung. Das Kiefernholz muss zwingend mit dem niedrigeren Wert, der sich nach der Lifo-Methode bzw. dem Tagespreis ergibt, bewertet werden. Das Kiefernholz erscheint in der Bilanz mit einem Wert von 1.800 € (300 m³ · 6,00 €).

Lösung zu Aufgabe 20: Mögliche Bewertung Geringwertiger Wirtschaftsgüter

Grundsätzlich gilt für beide Verfahren, dass geringwertige Wirtschaftsgüter selbständig nutzbare bewegliche Gebrauchsgegenstände sein müssen.

Das heißt, ein Bürostuhl ist z. B. selbständig als Stuhl nutzbar. Ein reiner PC-Drucker ist allerdings nur in Verbindung mit dem Computer nutzbar und muss dementsprechend mit diesem aktiviert werden. Ein Multifunktionsgerät (Fax, Kopierer, Scanner, Drucker) ist wiederum ein selbständig nutzbarer Vermögensgegenstand bzw. ein Wirtschaftsgut.

Die beiden Regelungen beziehen sich auf die Wertgrößen der Vermögensgegenstände/Wirtschaftsgüter.

Sammelposten GWG
Bei der Variante Sammelposten GWG sind die Wertgrößen unter 150 €, zwischen 150 € bis 1.000 € und größer als 1.000 € Anschaffungskosten zu unterscheiden.

Bei Vermögensgegenständen unter 150 € können diese im Jahr der Anschaffung direkt als Aufwand gebucht werden. Dies sind z. B. Papierlocher, Abfalleimer, Tischrechner, etc.

Bei Vermögensgegenständen mit Anschaffungskosten zwischen 150 € bis 1.000 € sind diese im Jahr der Anschaffung zwingend auf das Konto „Sammelposten GWG" zu erfassen. Es ist jedes Geschäftsjahr ein neues Konto hierfür einzurichten. Diese Vermögensgegenstände werden dann zwingend über 5 Jahre abgeschrieben.

Es ist im Anschaffungsjahr unerheblich, wann (in welchem Monat) die Gegenstände angeschafft wurden. Es wird auch im Anschaffungsjahr das volle Jahr abgeschrieben. Auch die tatsächliche Nutzungsdauer ist nicht zu beachten.

Der Gesetzgeber hat die feste Nutzungsdauer für den Sammelposten auf 5 Jahre festgelegt. Wird ein im Sammelposten befindlicher Gegenstand verkauft oder geht er anderweitig unter, wird er trotzdem weiter abgeschrieben. Es findet keine Herausnahme aus dem Sammelposten während der Laufzeit statt.

Ist der Anschaffungswert des Vermögensgegenstandes größer als 1.000 € wird er „normal" als Betriebs- und Geschäftsausstattung oder Technische Anlage usw. bilanziert und abgeschrieben.

„410 €-Regelung"
Bei der 410 €-Regelung sieht der Gesetzgeber folgende Regelung vor:

Liegen die Anschaffungskosten zwischen 60 bis 410 € so werden die Vermögensgegenstände auf das Konto GWG gebucht. Der Bestand dieses Kontos kann dann am Ende des Geschäftsjahres voll abgeschrieben werden, sodass die Vermögensgegenstände de facto im Jahr der Anschaffung voll in den Aufwand gehen.

Liegen die Anschaffungskosten unter 60 € so werden die Vermögensgegenstände sofort als Aufwand gebucht.

Liegen die Anschaffungskosten über 410 €, so werden die Vermögensgegenstände „normal" bilanziert und abgeschrieben.

Dem Unternehmer stehen beide Möglichkeiten zu. Es müssen allerdings die entsprechenden Aufzeichnungspflichten und der Umfang, wann welches Verfahren angewendet wird, überprüft werden.

Lösung zu Aufgabe 21: Geringwertige Wirtschaftsgüter, Anwendung

Anwendung der „410 €-Regelung"

Wenn man die Rechnung nach der „410 €-Regelung" („Alt-Regelung") betrachtet, können die Bürotische und Bürostühle im Jahr der Anschaffung sofort Gewinn mindernd gebucht werden.

Es ist allerdings zu beachten, dass die Bürotische in einem Verzeichnis geführt werden müssen. Die Bürostühle mit AK unter 150 € müssen nicht in einem „Extra-Verzeichnis" geführt werden.

Die Vermögensgegenstände werden bei Zugang auf dem aktiven Bestandskonto „Geringwertige Wirtschaftsgüter" erfasst und am Jahresende im Rahmen der Jahresabschlussarbeiten voll abgeschrieben.

Nach dieser Regelung gehen die Anschaffungskosten in Höhe von 1.000 € direkt in den Aufwand und wirken somit Gewinn mindernd.

Regelung mit „Sammelposten GWG"

Bei dieser Regelung werden die Bürotische zwingend in einen Sammelposten GWG eingebucht und werden über 5 Jahre abgeschrieben. Es ist unerheblich wie hoch die tatsächliche Nutzungsdauer ist. Für den Sammelposten muss kein Verzeichnis geführt werden.

Die Bürostühle werden direkt als Aufwand gebucht, da ihre Anschaffungskosten unter 150 € liegen. Es muss auch hier kein Verzeichnis geführt werden.

In diesem Fall werden die 200 € für die Bürostühle sofort Gewinn mindernd als Aufwand gebucht. Die Bürotische gehen in den Sammelposten i. H. von 800 € ein und werden über 5 Jahre abgeschrieben, sodass im Jahr 2011 eine Abschreibung auf Sammelposten i. H. von 160 € erfolgt.

Die gesamte Gewinnminderung in dieser Variante liegt also bei 360 €.

 INFO

> Die Umsatzsteuern können als Vorsteuer beim zuständigen Finanzamt geltend gemacht werden und sind somit bei der Bewertung der Geringwertigen Wirtschaftsgüter nicht zu berücksichtigen!

Lösung zu Aufgabe 22: Bewertung von Forderungen

a) Die Forderungen aus Lieferungen und Leistungen werden im Rahmen der Bewertung eingeteilt in

- Einwandfreie Forderungen,
- Zweifelhafte Forderungen,
- Uneinbringliche Forderungen.

Die Forderungen müssen im Rahmen der Erstellung des Jahresabschlusses auf Unsicherheiten und Werthaltigkeit überprüft werden. Dadurch, dass in den letzten Jahren die Zahl der Insolvenzen immer mehr zugenommen hat, ist die Bewertung der Forderungen im Unternehmen immer bedeutsamer.

Von einwandfreien Forderungen spricht man, wenn der Schuldner noch im normalen Zahlungsziel ist und keine negativen Informationen zur Zahlungsverpflichtung vorliegen. Diese Forderungen bleiben mit ihrem Nennwert in der Bilanz bestehen.

Bei zweifelhaften Forderungen rechnet das Unternehmen nicht mit der vollen Erfüllung seiner Forderungen. Die Risiken müssen so genau wie möglich abgeschätzt werden, dies ist gerade im Forderungsbereich sehr schwierig.

Zweifelhafte Forderungen treten z. B. auf, wenn der Schuldner über das Zahlungsziel geraten ist oder anderweitige Information über das negative Zahlungsverhalten des Schuldners vorliegen.

Das Unternehmen bucht in diesem Fall die Forderungen aus Lieferungen und Leistungen in zweifelhafte Forderungen um und nimmt eine Einzel- bzw. Pauschalwertberichtigung vor. Bei der Einzelwertberichtigung betrachtet das Unternehmen jeweils die einzelne Forderung und nimmt eine individuelle Wertberichtigung vor.

Auf die nicht einzelwertberichtigten Nettoforderungen kann das Unternehmen eine Pauschalwertberichtigung vornehmen. Die Pauschalwertberichtigung kann in Höhe von 1 % vorgenommen werden, ohne dass das Finanzamt dies bemängelt, höhere Pauschalwertberichtigungen müssten nachgewiesen werden.

Auf der Aktiva der Bilanz bleibt in der Summe die volle Forderung bestehen. Ein entstehender Wertberichtigungsposten wird hiervon abgesetzt.

Bei uneinbringbaren Forderungen kommt das Unternehmen im Rahmen der Bewertung zu der Einschätzung, dass Forderungen ganz oder teilweise ausfallen. Dies tritt bei Insolvenz des Schuldners, bei Privatpersonen z. B. durch Abgabe des „Offenbarungseides", ein. Auch wenn Privatpersonen „unbekannt verzogen" sind, gilt die Forderung als uneinbringlich.

Die uneinbringbare Forderung wird dann in Höhe ihres Nettobetrages abgeschrieben und der entsprechende Umsatzsteuerbetrag korrigiert.

b) **Fall 1**
Die Forderung an den Privatkunden Müller liegt noch im Zahlungsziel, der Kunde muss nicht mit Skonto zahlen. Negative Informationen sind nicht ersichtlich.

Die Forderung ist als einwandfrei einzuschätzen und somit mit 11.900 € im Forderungsbestand zu belassen.

Es gibt keine Auswirkungen auf Bilanz und Gewinn- und Verlustrechnung.

Fall 2
Dadurch, dass der Privatkunde unbekannt verzogen ist, ist er für die Mayer GmbH nicht mehr greifbar.

Die Forderung ist als uneinbringbar einzustufen. Der Nettoforderungsbetrag in Höhe von 5.000 € wird abgeschrieben. Die Umsatzsteuer wird in Höhe von 950 € korrigiert.

Die Aktiva der Bilanz verringert sich um 5.950 €, der Forderungsbestand nimmt um diesen Betrag ab. Die Passiva verringert sich um 950 € und zwar durch die Korrektur der Umsatzsteuer.

Innerhalb der Gewinn- und Verlustrechnung nehmen die Aufwendungen um 5.000 € durch die Abschreibung auf den Nettoforderungsbestand zu.

Alternativ:
Dadurch, dass die Korrektur der Umsatzsteuer zu einer Forderung gegenüber dem Finanzamt führt, könnte anstatt der Minderung der Passiva auch eine Erhöhung der sonstigen Forderungen auf der Aktiva in Höhe von 950 € abgebildet werden.

Fall 3
Dadurch, dass die Hansen GmbH über dem Zahlungsziel liegt und weitere negative Informationen vorliegen, ist die Forderung nicht mehr in voller Höhe als werthaltig einzustufen.

Es wird mit einem Ausfall der Forderung in Höhe von 50 % gerechnet. Es ist in Höhe des vermuteten Ausfalls eine Einzelwertberichtigung vorzunehmen.

Diese Wertberichtigung darf aber nur auf den Nettoforderungsbestand vorgenommen werden, d. h. die Nettoforderung beträgt 50.000 €, hiervon wird eine Einzelwertberichtigung von 25.000 € (50 %) vorgenommen.

Auswirkung auf die Bilanz. Die Aktiva der Bilanz wird um 25.000 € gemindert. Der Forderungsbestand bleibt zwar in Höhe von 59.500 € bestehen, allerdings wird ein Korrekturposten „Einzelwertberichtigung" i. H. von 25.000 € hiervon abgesetzt.

Außerdem führt die Einzelwertberichtigung zu einem Aufwand in der Gewinn- und Verlustrechnung in Höhe von 25.000 €, der Gewinn mindernd wirkt.

Beachten Sie, dass die Gewinnminderung in voller Höhe nur bei einem Anfangsbestand von 0 € beim Konto „Einzelwertberichtigung" eintritt, ansonsten wird nur die Differenz gebucht.

Fall 4
Die Insolvenzquote gibt an, in welcher Höhe die Forderung der Mayer GmbH durch den Insolvenzverwalter bedient wird, der Rest der Forderung gilt als uneinbringbar.

Im vorliegenden Fall bekommt die Mayer GmbH 40 % der Forderung, d. h. 9.520 € (= 40 % von 23.800 €), der Restbetrag in Höhe von 14.280 € gilt als uneinbringbar.

Die Forderung wird in Höhe von 14.280 € korrigiert. Der daraus resultierende Nettobetrag wird i. H. von 12.000 € abgeschrieben, die darauf entfallende Umsatzsteuer i. H. von 2.280 € wird korrigiert. Konkret nimmt die Aktiva (Forderung aus Lieferungen und Leistungen) um 14.280 € ab und die Passiva (Umsatzsteuer) um 2.280 € ab.

Die Abschreibung führt zu einer Erhöhung der Aufwendungen i. H. v. 12.000 € innerhalb der Gewinn- und Verlustrechnung, die Gewinn mindernd wirken.

Lösung zu Aufgabe 23: Rechnungsabgrenzungsposten

a) Der angewandte Grundsatz ist der Grundsatz der Periodenabgrenzung. Er besagt, dass Aufwendungen und Erträge dem Geschäftsjahr zugeordnet werden müssen in dem sie wirtschaftlich verursacht worden sind, unabhängig vom Zeitpunkt der Zahlung.

Bei einer Einnahmen-Überschussrechnung gilt das Zu- und Abflussprinzip, das bedeutet der Aufwand oder Ertrag wird dem Zeitpunkt des Geldflusses zugeordnet.

b) ▶ Auf aktiven Rechnungsabgrenzungsposten werden im Voraus gezahlte Aufwendungen gebucht. Das bedeutet, dass die Zahlung im alten Geschäftsjahr geleistet worden ist, für einen Aufwand der wirtschaftlich dem neuen Geschäftsjahr zuzuordnen ist.

▶ Auf passiven Rechnungsabgrenzungsposten werden im Voraus vereinnahmte Erträge gebucht. Das bedeutet, dass die Zahlung im alten Geschäftsjahr für einen Ertrag eingeht, der wirtschaftlich dem neuen Geschäftsjahr zuzuordnen ist.

c) **Beispiel „Aktiver Rechnungsabgrenzungsposten"**
Die Mayer GmbH zahlt im Oktober 2011 die Rechtsschutzversicherung des Unternehmens für den Zeitraum vom 01.11.2011 bis 31.10.2012 in Höhe von 600 € per Banküberweisung.

Der Anteil, der auf den Zeitraum 01.01.2012 bis 31.10.2012 entfällt, ist ein im Voraus gezahlter Aufwand und wird in Höhe von 500 € (10/12 v. 600 €) auf dem Konto „Aktive Rechnungsabgrenzung" erfasst.

LÖSUNGEN

Beispiel „Passive Rechnungsabgrenzungsposten"
Die Mayer GmbH vermietet Büroräume an die Hansen AG für monatlich 2.000 €. Auf das betriebliche Bankkonto der Mayer GmbH geht am 27.12.2011 die Miete für die Nutzung der Büroräume von der Hansen AG für den Monat Januar 2012 in Höhe von 2.000 € ein.

Die 2.000 € sind wirtschaftlich dem neuem Geschäftsjahr zuzuordnen und werden auf dem Konto „passive Rechnungsabgrenzung" erfasst.

Lösung zu Aufgabe 24: Bewertung Wertpapiere Anlagevermögen vs. Umlaufvermögen

a) Die Wertpapiere der Sonnen AG sollen der **langfristigen Anlage** dienen, sie sind deshalb dem Anlagevermögen zuzuordnen.

Sie werden gemäß § 266 HGB unter den Finanzanlagen „5. Wertpapiere des Anlagevermögens" im Anlagevermögen erfasst.

Die Wertpapiere der Wind AG sollen zur **kurzfristigen Veräußerung** gehalten werden, sie sind deshalb dem Umlaufvermögen zuzuordnen.

Sie werden gemäß § 266 HGB unter der Position Wertpapiere „2. Sonstige Wertpapiere" im Umlaufvermögen erfasst.

b) Bei den **Wertpapieren des Anlagevermögens** (Sonnen AG) ist das gemilderte Niederstwertprinzip (§ 253 Abs. 3 S. 4 HGB) anzuwenden. Die Finanzanlagen können auch bei voraussichtlich nicht dauernder Wertminderung mit dem niedrigeren Wert angesetzt werden.

Der Kurswert sinkt zum 31.12.2011 und erholt sich zum Tag der Bilanzaufstellung wieder auf den Wert der Anschaffungskosten – es handelt sich um eine nicht dauernde Wertminderung.

Die Mayer GmbH hat das Wahlrecht, die Wertpapiere entweder zum Kurswert 31.12.2011 in Höhe von 8.000 € oder mit den Anschaffungskosten in Höhe von 10.000 € in der Bilanz anzusetzen.

Eine der betrieblichen Zielsetzungen lautet „….nachhaltige Gewinnmaximierung". Daher wird die Mayer GmbH die Bewertung so vornehmen, damit ein hoher Gewinn ausgewiesen wird. Das bedeutet, dass die Wertpapiere zum 31.12.2011 mit den Anschaffungskosten ausgewiesen und keine Wertminderung vorgenommen werden. Damit ergibt sich auch keine Gewinnminderung.

Die Wertpapiere des Umlaufvermögens (Wind AG) sind nach dem strengen Niederstwertprinzips zu bewerten (§ 253 Abs. 4 HGB). Das bedeutet, dass von zwei möglichen Wertansätzen stets der niedrigere Wert anzusetzen ist.

Der Kurswert der Wind AG fällt zum 31.12.2011 fällt auf 4.000 € und erholt sich zum Tag der Bilanzaufstellung sogar noch über die Anschaffungskosten.

Da im Umlaufvermögen das strenge Niederstwertprinzip gilt, müssen die Wertpapiere mit dem niedrigeren Wert in Höhe von 4.000 € angesetzt werden.

Die 1.000 € Wertminderung werden als Aufwand erfasst und wirken Gewinn mindernd.

Lösung zu Aufgabe 25: Abgrenzung Rückstellung vs. Verbindlichkeiten

a) Bei einer **Verbindlichkeit** besteht ein Leistungszwang gegenüber einem Dritten, deren Erfüllung eine wirtschaftliche Belastung für das Unternehmen darstellt. Die Verpflichtung steht in ihrer Höhe fest und es gibt grundsätzlich einen Termin bzw. eine Frist wann die Verpflichtung erfüllt werden soll.

Rückstellungen werden gemäß § 249 HGB für ungewisse Verbindlichkeiten bzw. drohende Verluste aus schwebenden Geschäften gebildet.

Ungewiss sind die Verbindlichkeiten, da der Zeitpunkt und die Höhe der Verbindlichkeit „nur" geschätzt werden kann.

b) **Verbindlichkeiten**
Ein großer Teil der Verbindlichkeiten eines Unternehmens sind die „Verbindlichkeiten gegenüber Kreditinstituten". Hierunter fallen z. B. die Kredite, die das Unternehmen bei einer Bank aufnimmt.

Ein weiterer großer Teil der Verbindlichkeiten sind die „Verbindlichkeiten aus Lieferungen und Leistungen". Hierunter fallen die offenen Rechnungen gegenüber Lieferanten, die sich aus den Eingangsrechnungen ergeben.

Rückstellungen
Ein großer Teil der Rückstellungen sind die „Pensionsrückstellungen". Hierunter fallen die Verbindlichkeiten, die ein Unternehmen auf Grund von Pensionsversprechen gegenüber seinen Mitarbeitern eingeht. Da die Höhe und der Zeitraum der Zahlungen nicht feststehen ist eine Rückstellung zu bilden.

Ein weiterer Bereich sind z. B. Steuerrückstellungen. Im Rahmen des Jahresabschlusses müssen auch die Steuern vom Einkommen und Ertrag (Gewerbesteuer, Körperschaftssteuer) ermittelt werden. Die tatsächliche Höhe der Steuer steht allerdings erst mit dem Steuerbescheid fest. Deshalb ist eine Rückstellung z. B. für Gewerbesteuer zu bilden.

Lösung zu Aufgabe 26: Zuordnung Passiva

Geschäfts-fall	Eigenkapital			Rückstellungen			Verbindlichkeiten		Passive Rechnungsabgrenzungsposten
	Gezeichnetes Kapital	Kapitalrücklage	Gewinnrücklage	für Pensionen	für Steuern	sonstige	Langfristig	Kurzfristig	
1.	**50.000 €**	0 €	0 €	0 €	0 €	0 €	0 €	0 €	0 €
2.	0 €	0 €	0 €	0 €	0 €	**10.000 €**	0 €	0 €	0 €
3.	0 €	0 €	**100.000 €**	0 €	0 €	0 €	0 €	0 €	0 €
4.	0 €	0 €	0 €	0 €	0 €	0 €	**150.000 €**	0 €	0 €
5.	0 €	0 €	0 €	0 €	**10.000 €**	0 €	0 €	0 €	0 €
6.	0 €	0 €	0 €	0 €	0 €	0 €	0 €	**59.500 €**	0 €
7.	0 €	0 €	0 €	0 €	0 €	0 €	0 €	0 €	**1.000 €**

3. Kosten- und Leistungsrechnung

Lösung zu Aufgabe 1: Aufgaben der Kosten- und Leistungsrechnung

Die Kosten- und Leistungsrechnung hat eine Vielzahl von Aufgaben zu erfüllen, u. a. sind dies:

1. Periodengerechte Erfassung der Kosten und Leistungen aus der betrieblichen Tätigkeit (Kerngeschäft)
2. Kalkulation von Verkaufspreisen
3. Ermittlung der Gewinnschwellenmenge
4. Bewertung der unfertigen Leistungen bzw. unfertigen Erzeugnisse und fertigen Erzeugnisse.

zu 1.
Die primäre Aufgabe der Kosten- und Leistungsrechnung ist es, für die betriebliche Tätigkeit die Kosten (betriebliche Aufwendungen) und Leistungen (betriebliche Erträge) periodengerecht zu erfassen.

Diese Aufgabe bildet die Grundlage für alle Berechnungen und Entwicklungen von Entscheidungsgrundlagen innerhalb der betrieblichen Tätigkeit. Hierzu bedient sich das Unternehmen der sachlichen Abgrenzung.

zu 2.
Unternehmen müssen für ihre Erzeugnisse oder Waren Verkaufspreise ermitteln, um diese am Markt anbieten zu können bzw. auf Preisforderungen der Kunden reagieren zu können.

Es müssen die Kosten auf die Kostenträger verteilt werden, damit die Gesamtkosten des Betriebes durch die verkauften Erzeugnisse bzw. Waren oder Dienstleistungen gedeckt sind. Außerdem werden verschiedene Verkaufszuschläge und der Unternehmensgewinn in die Verkaufspreise mit einkalkuliert.

zu 3.
Im Rahmen der Planung und Kontrolle der betrieblichen Tätigkeit ist es für das Unternehmen wichtig zu wissen, wie viele Erzeugnisse abgesetzt bzw. Leistungen erbracht werden müssen, damit das Unternehmen in die Gewinnzone kommt.

Hierzu bedient sich das Unternehmen der Break-even-Analyse, mit der die so genannte Gewinnschwellenmenge ermittelt wird. Dies ist eine entscheidende Plangröße der Absatztätigkeit und der späteren Preisentscheidung am Markt.

zu 4.
Die meisten Unternehmen haben am Bilanzstichtag nicht alle Erzeugnisse verkauft bzw. sind die Erzeugnisse noch nicht verkaufsfähig hergestellt worden. In der Bilanz

befinden sich diese unter der Position „Unfertige Erzeugnisse" bzw. „fertige Erzeugnisse und Waren" innerhalb des Umlaufvermögens.

Der Wertansatz hierfür muss vom Unternehmen allerdings ermittelt werden. Hierzu dient u. a. auch die Kosten- und Leistungsrechnung, um die Herstellungskosten zu ermitteln.

 INFO

Werden die Herstellkosten innerhalb der Kosten- und Leistungsrechnung für die Preisbildung berechnet, werden sowohl Grund-, Anders- und Zusatzkosten verwendet. Das bedeutet, dass die kalkulatorischen Kosten, wie kalkulatorische Abschreibungen, kalkulatorische Zinsen, kalkulatorischer Unternehmerlohn, etc. in die Verkaufspreise eingehen.

Für die Bewertung der unfertigen Erzeugnisse/Leistungen und fertigen Erzeugnisse im Jahresabschluss, werden diese mit den Herstellungskosten gemäß § 255 Abs. 2 HGB bzw. R 6.3 EStR bewertet. Um diesen Wertansatz zu erhalten, wird grundsätzlich kalkuliert wie in der Kosten- und Leistungsrechnung.

Hierbei ist ein wesentlicher Unterschied zu beachten: Für die Bewertung innerhalb des Jahresabschlusses dürfen keine kalkulatorischen Kosten verwendet werden, sondern nur die gebuchten Aufwendungen. So werden z. B. anstatt der kalkulatorischen Abschreibungen die bilanziellen Abschreibungen verwendet.

Lösung zu Aufgabe 2: Sachliche Abgrenzung

Die **Sachliche Abgrenzung** bildet das Bindeglied zwischen der Buchführung und der Kosten- und Leistungsrechnung.

Es werden die Aufwendungen und Erträge aus der Gewinn- und Verlustrechnung daraufhin untersucht, ob sie durch die betriebliche Tätigkeit (Kerngeschäft) veranlasst worden sind oder nicht.

Nur die betrieblich veranlassten Aufwendungen (Kosten) und betrieblichen Erträge (Leistungen) werden in die Betriebsergebnisrechnung übernommen. Alle anderen Aufwendungen und Erträge werden in der Abgrenzungsrechnung erfasst.

Außerdem werden Umrechnungen in Form von kostenrechnerischen Korrekturen vorgenommen. Diese ergeben sich aus kalkulatorischen Kosten bzw. kalkulatorischen Leistungen, da die Aufwendungen und Erträge aus der Buchführung nicht immer den tatsächlichen Werteverzehr bzw. Wertezufluss darstellen.

Durch die Sachliche Abgrenzung wird das Unternehmensergebnis (Gewinn bzw. Verlust aus allen Unternehmensaktivitäten) in ein neutrales Ergebnis und ein Betriebsergebnis (Ergebnis aus der betrieblichen Tätigkeit) aufgesplittet.

Die tabellarische Durchführung der sachlichen Abgrenzung erfolgt in der Ergebnistabelle.

Lösung zu Aufgabe 3: Sachliche Abgrenzung vs. Zeitliche Abgrenzung

Die **Sachliche Abgrenzung** ist das Bindeglied zwischen der Buchführung und der Kosten- und Leistungsrechnung. Hier werden die Aufwendungen und Erträge aus der Gewinn- und Verlustrechnung daraufhin untersucht, ob sie betrieblich veranlasst sind oder nicht.

In der Kosten- und Leistungsrechnung werden dann nur die betrieblichen Aufwendungen und Erträge (Kosten und Leistungen) betrachtet. Außerdem werden innerhalb der sachlichen Abgrenzung sog. kostenrechnerische Korrekturen vorgenommen.

Die **Zeitliche Abgrenzung** ist der Buchführung zuzuordnen. Sie ist die Umsetzung des Grundsatzes der Periodenabgrenzung. Demnach sind die Aufwendungen und Erträge dem Geschäftsjahr zuzuordnen, in dem sie wirtschaftlich verursacht worden sind, unabhängig vom Zeitpunkt ihrer Zahlung.

Die zeitliche Abgrenzung dient also dazu, einen periodengerechten Jahresabschluss zu erstellen.

Hauptsächliche Ausprägungen sind die

- Transitorischen Posten
  - Aktive und Passive Rechnungsabgrenzung

und

- Antizipativen Posten
  - Sonstige Forderungen und sonstige Verbindlichkeiten.

Lösung zu Aufgabe 4: Sachliche Abgrenzung I
Neutrale Aufwendungen:

1. **Betriebsfremde Aufwendungen**
   Die Mayer GmbH hat in ihrem Vermögen ein Wohngebäude, welches vermietet wird. Die Abschreibungen für dieses Gebäude stellen neutrale Aufwendungen dar.

   Die betriebliche Tätigkeit/das Kerngeschäft der Mayer GmbH ist die Produktion und der Verkauf von Büromöbeln. Die Vermietung gehört also nicht zum Kerngeschäft, deshalb sind alle Aufwendungen im Zusammenhang mit der Vermietung neutrale Aufwendungen.

LÖSUNGEN

2. **Verluste aus dem Abgang von Vermögensgegenständen**
   Die Mayer GmbH verkauft eine nicht mehr benötigte Maschine für netto 20.000 €. Der Buchwert der Maschine beträgt 25.000 €. Der Verlust in Höhe von 5.000 € stellt einen neutralen Aufwand dar.

   Auch wenn die Maschine betrieblich genutzt wurde, gehört der Verkauf von Vermögensgegenständen nicht zum Kerngeschäft der Unternehmen (im Beispiel nicht zum Kerngeschäft der Mayer GmbH), deshalb sind Verluste aus dem Verkauf von nicht benötigten Vermögensgegenständen zu den neutralen Aufwendungen zu zählen.

3. **Betrieblich veranlasste, aber periodenfremde Aufwendungen**
   Die Geschäftsleitung der Mayer GmbH einigt sich im März mit dem Betriebsrat auf eine Lohnerhöhung, rückwirkend ab Januar in Höhe von 3 %.

   Die im März ausgezahlte Lohnerhöhung, die auf die Monate Januar und Februar entfallen, stellt eine neutrale Aufwendung dar.

   Die erhöhten Lohnaufwendungen sind zwar betrieblich veranlasst und demnach Kosten, allerdings erfasst die Kosten- und Leistungsrechnung periodengerecht die Kosten. Das bedeutet, dass die Kosten, die angesetzt werden müssen, auch wirtschaftlich der Periode zugeordnet werden können.

   Bei der Nachzahlung der Löhne aus einem anderen Monat (einer anderen Abrechnungsperiode) kann hiervon nicht ausgegangen werden, deshalb sind diese Aufwendungen neutral.

4. **Außerordentliche Aufwendungen**
   Im Juni brennt die Lagerhalle der Mayer GmbH vollständig aus. Es gibt keine Versicherung. Die außerplanmäßige Abschreibung stellt neutrale Aufwendungen dar.

   An Kosten wird die Anforderung gestellt, dass diese planbar und kalkulierbar sein müssen. Außerordentliche Aufwendungen sind weder planbar noch vorhersehbar bzw. berechenbar (kalkulierbar). Deshalb sind außerordentliche Aufwendungen neutral.

Neutrale Erträge:

1. **Betriebsfremde Erträge**
   Die Mayer GmbH hält im Anlagevermögen Wertpapiere der Hansen AG. Im Geschäftsjahr 2012 werden an die Mayer GmbH Dividenden in Höhe von 50.000 € ausgezahlt.

   Die Erwirtschaftung von Dividendenerträgen gehört nicht zum Kerngeschäft der Mayer GmbH, welches die Produktion und der Vertrieb von Büromöbeln ist, daher handelt es sich hier um neutrale Erträge.

2. **Erträge aus dem Abgang von Vermögensgegenständen**
   Die Mayer GmbH verkauft einen nicht mehr benötigten Lieferwagen zum Nettopreis von 10.000 €. Der Buchwert des Lieferwagens beträgt 7.000 €.

   Der Buchgewinn i. H. von 3.000 € ist ein neutraler Ertrag.

   Auch wenn der Vermögensgegenstand aus der betrieblichen Tätigkeit/dem Kerngeschäft stammt, gehört es nicht zur Aufgabe der Mayer GmbH, Vermögensgegenstände zu veräußern. Deshalb sind die Erträge, die aus dem Verkauf des Lieferwagens erzielt werden, neutral.

3. **Betrieblich veranlasste, aber periodenfremde Erträge**.
   Die Mayer GmbH schrieb im Januar 2012 eine Rechnung i. H. von 5.000 € netto für Produkte. Im Januar wurden richtigerweise Leistungen erfasst i. H. von 5.000 €.

   Im März 2012 stellt sich heraus, dass in der Rechnung ein Rechenfehler war. Die Unternehmen einigen sich darauf, dass die zu wenig in Rechnung gestellten 500 € Nettoumsätze im März durch den Kunden gezahlt werden.

   Der Ertrag ist zwar betrieblich veranlasst, stammt allerdings aus einer anderen Abrechnungsperiode und ist deshalb neutral.

4. **Außerordentliche Erträge**
   Über das Grundstück der Mayer GmbH soll die Bundesstraße gehen. Der Bund als Bauherr enteignet die Mayer GmbH – wegen ausbleibender Einigung – zwangsweise um 10.000 m² Grund und Boden.

   Hierfür erhält die Mayer GmbH 150.000 €, der Buchwert beträgt 20.000 €. Die Differenz in Höhe von 130.000 € ist ein außerordentlicher Ertrag und somit neutral.

   Betriebliche Erträge (Leistungen) müssen u. a. planbar und kalkulierbar sein. Außerordentliche Erträge – wie in diesem Beispiel die Entschädigung – sind meist einmalig bzw. treten unregelmäßig in ihrer Art und Höhe auf und müssen deshalb als neutral eingestuft werden.

Lösung zu Aufgabe 5: Sachliche Abgrenzung II

Grundkosten sind aufwandsgleiche Kosten, d. h. sie gehen mit gleichem Wertanteil aus der Buchführung in die Kosten- und Leistungsrechnung ein. Dies sind z. B. Büromaterial, Gehälter, Löhne, etc.

Anderskosten sind aufwandsungleiche Kosten, d. h. die Kosten haben eine Grundlage in der Buchführung, gehen allerdings mit einem anderen Wert in die Kosten- und Leistungsrechnung ein. Es handelt sich um kalkulatorische Kosten, wie z. B. kalkulatorische Abschreibungen.

LÖSUNGEN

Zusatzkosten sind aufwandslose Kosten, d. h. die Kosten kommen ausschließlich in der Kosten- und Leistungsrechnung vor und haben keinen Ursprung in der Buchführung, wie z. B. kalkulatorischer Unternehmerlohn.

Lösung zu Aufgabe 6: Sachliche Abgrenzung III, Zuordnung Ergebnistabelle

a)

Fall	Gewinn- und Verlustrechnung		Abgrenzungsbereich				Betriebsergebnisrechnung	
	Aufwand	Ertrag	Neutrale Aufwendungen	Neutraler Ertrag	Kostenrechnerische Korrektur		Kosten	Leistungen
					Aufwand lt. Fibu	Verrechnete Kosten		
1		345.000 €						345.000 €
2	60.000 €				60.000 €	65.000 €	65.000 €	
3	100.000 €		30.000 €		70.000 €	80.000 €	80.000 €	
4	50.000 €			3.000 €			47.000 €	
5	4.500 €				4.500 €	5.000 €	5.000 €	
∑	214.500 €	345.000 €	33.000 €	0 €	134.500 €	150.000 €	197.000 €	345.000 €

b) Das **Unternehmensergebnis** ergibt sich aus der Differenz aus Erträgen und Aufwendungen der Gewinn- und Verlustrechnung.

    Erträge   345.000 €
- Aufwendungen   214.500 €
= **Unternehmensergebnis**   **130.500 €**

Das Unternehmensergebnis stellt den Gewinn oder Verlust aus allen unternehmerischen Aktivitäten dar.

Das **Betriebsergebnis** ergibt sich aus der Differenz der Leistungen und Kosten, ermittelt in der Betriebsergebnisrechnung der Ergebnistabelle.

    Leistungen   345.000 €
- Kosten   197.000 €
= **Betriebsergebnis**   **148.000 €**

Das Betriebsergebnis stellt den Gewinn oder Verlust aus der betrieblichen Tätigkeit/dem Kerngeschäft dar.

c) Die Differenz zwischen Unternehmensergebnis und Betriebsergebnis in Höhe von 17.500 € ist das sogenannte Abgrenzungsergebnis.

Dieses setzt sich zusammen aus dem Ergebnis der neutralen Aufwendungen und Erträge und aus dem Ergebnis der Kostenrechnerischen Korrekturen.

Abgrenzungsergebnis und Betriebsergebnis in der Summe müssen das Unternehmensergebnis ergeben.

Das Abgrenzungsergebnis ermittelt sich wie folgt.

1. Es wird die Differenz zwischen den „neutralen Aufwendungen" und „neutralen Erträgen" ermittelt, die Differenz ergibt das „neutrale Ergebnis":

	Neutrale Erträge	0 €
-	Neutrale Aufwendungen	33.000 €
=	**Neutrales Ergebnis**	**- 33.000 €**

2. Es wird die Differenz zwischen den „verrechneten Kosten" (wie eine Ertragsposition zu behandeln) und den „Aufwendungen laut Finanzbuchhaltung" ermittelt. Daraus ergibt sich das „Ergebnis aus kostenrechnerischen Korrekturen":

	Verrechnete Kosten	150.000 €
-	Aufwendungen lt. Finanzbuchhaltung	134.500 €
=	**Ergebnis kostenrechnerischer Korrekturen**	**+ 15.500 €**

3. Das „neutrale Ergebnis" und das „Ergebnis aus kostenrechnerischen Korrekturen" wird zusammengefasst zum „Abgrenzungsergebnis":

	Neutrales Ergebnis	- 33.000 €
-	Ergebnis Kostenrechnerischer Korrekturen	+ 15.500 €
=	**Abgrenzungsergebnis**	**- 17.500 €**

4. Die Richtigkeit der Berechnungen, ob also Rechnungskreis I „Buchführung" und Rechnungskreis II „Kosten- und Leistungsrechnung" übereinstimmen, kann überprüft werden, da die Summe aus Abgrenzungsergebnis und Betriebsergebnis das Unternehmensergebnis ergeben muss.

> Unternehmensergebnis = Abgrenzungsergebnis + Betriebsergebnis

130.500 € = - 17.500 € + 148.000 €

Lösung zu Aufgabe 7: Sachliche Abgrenzung IV, Kalkulatorische Wagnisse und Miete

a) **Grundkosten** sind aufwandsgleiche Kosten, d. h. die Kosten gehen mit gleichem Wert aus der Finanzbuchhaltung in die Kosten- und Leistungsrechnung ein.

Zahlt ein Unternehmen für die betrieblich genutzten Räume die ortsübliche Miete, so geht die Miete mit gleichem Wert in die Kosten- und Leistungsrechnung ein. Es handelt sich also um Grundkosten.

Anderskosten sind aufwandsungleiche Kosten, d. h. die Kosten haben zwar einen Ursprung in der Finanzbuchhaltung, gehen allerdings mit einem anderen Wert in die Kosten- und Leistungsrechnung ein.

Zahlt ein Unternehmen weniger als die ortsübliche Miete für die betrieblich genutzten Räume, können bzw. müssen in der Kosten- und Leistungsrechnung die Kosten angesetzt werden, die ortsüblich sind, da die Kunden den tatsächlich notwendigen Werteverzehr bezahlen sollen. Bei dieser Vorgehensweise sind die Mieten in der Kosten- und Leistungsrechnung Anderskosten.

Zusatzkosten sind aufwandslose Kosten, d. h. es werden Kosten in der Kosten- und Leistungsrechnung angesetzt, die allerdings keinen Ursprung in der Finanzbuchhaltung haben.

Ein Einzelunternehmer, der seine betrieblich genutzten Räume in seinem Privathaus hat, kann sich selber keine Miete in Rechnung stellen, allerdings werden die Räume durch seine betriebliche Tätigkeit genutzt. Also kalkuliert er die Miete, die ein Dritter für die Räumlichkeiten zahlen würde, in die Kosten- und Leistungsrechnung ein, damit die Kunden diesen Werteverzehr mit bezahlen. Es handelt sich hierbei um Zusatzkosten.

b) 1. Kalkulatorische Wagnisse können gebildet werden, u. a.

    a. für Beständewagnisse

    b. für Absatzwagnisse

    c. für Fertigungswagnisse

    d. für Anlagewagnisse.

  2. Das allgemeine Unternehmerwagnis kann nicht in Form von Kosten in der Kosten- und Leistungsrechnung abgebildet werden, da es nicht kalkulierbar ist und es durch den erwirtschafteten Gewinn abgegolten wird.

LÖSUNGEN

Lösung zu Aufgabe 8: Bilanzielle vs. Kalkulatorische Abschreibungen

Kriterium	Bilanzielle Abschreibung	Kalkulatorische Abschreibung
Umfang	In der Buchführung werden alle abnutzbaren Vermögensgegenstände des Unternehmens planmäßig abgeschrieben.	In der Kosten- und Leistungsrechnung werden nur die Vermögensgegenstände abgeschrieben, die für die betriebliche Leistungserstellung (Kerngeschäft) genutzt werden.
Bemessungsgrundlage	In der Buchführung gelten die Anschaffungs- bzw. Herstellungskosten als Bemessungsgrundlage für die Abschreibung.	In der Kosten- und Leistungsrechnung wird der Wiederbeschaffungswert als Bemessungsgrundlage angesetzt. Somit werden Preissteigerungen in die Abschreibung mit einbezogen.
Abschreibungsdauer	In der Buchführung gibt es grundsätzlich durch den Gesetzgeber vorgegebene Nutzungsdauern, von denen im Einzelfall abgewichen werden darf.	In der Kosten- und Leistungsrechnung legt das Unternehmen die Nutzungsdauer individuell fest. Sie orientiert sich an der tatsächlichen Nutzung der Vermögensgegenstände.

Lösung zu Aufgabe 9: Berechnung Kalkulatorische Kosten I

a) **Berechnung kalkulatorische Abschreibungen**

$$\text{kalkulatorische Abschreibung} = \frac{\text{Wiederbeschaffungswert - Restwert}}{\text{betriebsgewöhnliche Nutzungsdauer}}$$

$$= \frac{36.000\ € - 6.000\ €}{6\ \text{Jahre}} = 5.000\ €$$

 INFO

In der Kosten- und Leistungsrechnung sollen die Kosten periodengerecht erfasst werden. Da am Ende der Nutzungsdauer mit einem Erlös zu rechnen ist, muss dieser bei der Berechnung der kalkulatorischen Abschreibung berücksichtigt werden. Durch den Erlös vermindert sich der tatsächliche Werteverzehr des Vermögensgegenstandes innerhalb der Nutzungsdauer.

LÖSUNGEN

Berechnung kalkulatorischer Zinsen

$$\text{kalkulatorische Zinsen} = \frac{\text{Anschaffungskosten + Restwert}}{2} \cdot \text{kalk. Zins}$$

$$= \frac{36.000\ \text{€} - 6.000\ \text{€}}{2} \cdot 8\ \% = 1.440\ \text{€}$$

INFO

Bei der Berechnung der kalkulatorischen Zinsen wird der Restwert hinzugerechnet, da am Ende der Nutzungsdauer noch ein Vermögenswert vorhanden ist, der gebundenes Kapital darstellt. Dieses Kapital möchte der Unternehmer sich verzinsen lassen.

b) In der Kosten- und Leistungsrechnung werden **kalkulatorische Abschreibungen** aus folgenden Gründen eingerechnet.

Das Unternehmen investiert in verschiedene Vermögensgegenstände des Leistungsprozesses, damit die Produkte, Dienstleistungen, etc. für die Kunden erstellt werden können. Diese Vermögensgegenstände, die meist abnutzbar sind, unterliegen Wertminderungen. Nach ihrer betrieblichen Nutzung müssen diese Vermögensgegenstände neu angeschafft werden, d. h. das Unternehmen muss neu investieren.

Die Kunden müssen also die Wertminderungen tragen, damit das Unternehmen reinvestieren kann. Außerdem zahlen die Kunden durch die Abschreibung die Nutzung der Maschinen für die Erstellung der Produkte/Leistungen, die für sie erstellt werden.

Diese Wertminderungen werden in Form der kalkulatorischen Abschreibungen dargestellt. Die kalkulatorischen Abschreibungen werden in die Verkaufspreise einkalkuliert, damit ist ein Teil des Verkaufspreises „Anteil an den Wertminderungen".

Am Ende der betrieblichen Nutzung hat das Unternehmen über die Umsatzerlöse den verbrauchten Vermögensgegenstand amortisiert und kann somit neu investieren. Hierbei ist es wichtig, dass der Wiederbeschaffungswert als Grundlage genutzt wird, da die zukünftigen Anschaffungskosten meist nicht mit den derzeitigen Anschaffungskosten übereinstimmen.

INFO

Würde nicht der Wiederbeschaffungswert, sondern die Anschaffungs- oder Herstellungskosten in der Kosten- und Leistungsrechnung angesetzt werden, würde der Unternehmer die Preissteigerungen für die Neuanschaffung der Vermögensgegenstände alleine tragen, zu Lasten seines Betriebsergebnisses.

Kalkulatorische Zinsen werden einkalkuliert, da im Betrieb Kapital (Eigen- und Fremdkapital) gebunden ist. Dieses Kapital hätte auch alternativ am Kapitalmarkt angelegt werden können.

Anders ausgedrückt:
Der Unternehmer muss Kapital nicht ins Unternehmen investieren, er hätte das Kapital auch bei einer Bank in Form von festverzinslichen Finanzanlagen anlegen können.

Das Unternehmen möchte durch das Einrechnen der kalkulatorischen Zinsen in die Verkaufspreise die entgangenen Zinsen – bei alternativer Verwendung des Kapitals – durch die Kunden bezahlen lassen.

Kalkulatorische Abschreibungen sind so genannte Anderskosten. Sie haben einen Ursprung in der Buchführung, in die Kosten- und Leistungsrechnung geht allerdings grundsätzlich ein anderer Wert ein.

Kalkulatorische Zinsen sind sowohl Anders- als auch Zusatzkosten.

Der Anteil der kalkulatorischen Zinsen, die auf das Fremdkapital entfallen, sind Anderskosten, da Fremdkapitalzinsen in der Buchführung erfasst worden sind. Der Anteil der kalkulatorischen Kosten, die auf das Eigenkapital entfallen, sind Zusatzkosten, da in der Finanzbuchhaltung Zinsaufwendungen für Eigenkapital nicht erfasst werden dürfen.

TIPP

In Prüfungsaufgaben werden die kalkulatorischen Zinsen aus Vereinfachungsgründen meist allgemein als Anderskosten eingestuft!

Lösung zu Aufgabe 10: Berechnung Kalkulatorische Kosten II

a) 1. Die kalkulatorischen Wagniskosten für den Forderungsausfall ermitteln sich prozentual aus dem Umsatz, der durch Zielverkauf (Verkauf auf Rechnung) durchschnittlich realisiert wird.

In dem vorliegen Fall beträgt der Umsatz durch Zielverkäufe 800.000 € (= 80 % von 1 Mio. € Nettoumsatz). Die kalkulatorischen Wagniskosten betragen 4 % von 800.000 € = 32.000 €.

2. Der tatsächliche Zahlungsausfall aus der Buchführung wird in der Ergebnistabelle in der Spalte Aufwendungen lt. Finanzbuchhaltung (kostenrechnerische Korrekturen) erfasst.

Die kalkulatorischen Wagnisse werden in die Spalte Kosten (Betriebsergebnisrechnung) und in der Spalte Verrechnete Kosten (Kostenrechnerische Korrekturen) erfasst.

Ergebnistabelle									
Finanzbuchhaltung			Kosten- und Leistungsrechnung						
Gesamtrechnung der FB			Abgrenzungsrechnung					Betriebsergebnisrechnung	
			Abgrenzung der neutralen Aufwendungen und Erträge		Kostenrechnerische Korrekturen				
Konto	Aufwendungen	Erträge	neutrale Aufwendungen	neutrale Erträge	Aufw. lt. FB	verrechnete Kosten	Kosten	Leistungen
Abschreibungen auf Forderungen	28.000				28.000	32.000	32.000	

3. Die Kosten, die in die Kosten- und Leistungsrechnung übernommen werden, müssen planbar und kalkulierbar sein.

Diese Anforderungen erfüllen die tatsächlichen Aufwendungen, die auf Basis von Forderungsausfällen auftreten, nicht. Sie treten unregelmäßig und in ungleicher Höhe auf.

Deshalb werden in der Kosten- und Leistungsrechnung, kalkulatorische Wagniskosten angesetzt, um diese gleichmäßig in die Kosten und somit in den Verkaufspreis einzurechnen.

b) 1. Hans Hansen führt sein Unternehmen in der Rechtsform einer Einzelunternehmung. Er erhält keinen Lohn bzw. Gehalt, sondern muss sich von seinem Gewinn „ernähren", d. h. er muss seine privaten Ausgaben aus seinem Gewinn bestreiten.

Der Gewinn muss also so hoch ausfallen, dass neben der Verzinsung des Kapitals, dem unternehmerischen Risiko, auch noch eine Vergütung für die Geschäftsführungstätigkeit im Gewinn enthalten ist.

Deshalb ist es aus betriebswirtschaftlicher Sicht notwendig einen kalkulatorischen Unternehmerlohn als Zusatzkosten einzurechnen, um diesen über die Umsatzerlöse zu realisieren.

Dies ist bei allen Gesellschaftern von Personenunternehmen notwendig, die aktiv die Geschäfte der jeweiligen Gesellschaft führen.

Als Vergleich:
Ein Gesellschafter einer GmbH, der gleichzeitig Geschäftsführer der GmbH ist, erhält ein Gehalt, welches als Aufwand in der Gewinn- und Verlustrechnung enthalten ist. Dieses Gehalt geht also als Kosten in die Kosten- und Leistungsrechnung ein und wird somit in den Verkaufspreis einkalkuliert.

2. Beim kalkulatorischen Unternehmerlohn orientiert man sich an dem Gehalt von leitenden Angestellten, die ansonsten diese Tätigkeit ausführen würden.

In dem vorliegenden Fall würden also 50.000 € abgesetzt. Dieser Wert könnte u. U. etwas höher angesetzt werden, falls die private Sozialversicherung (Pendant zu AG Anteil SV bei Angestellten) extra eingerechnet werden soll.

Lösung zu Aufgabe 11: Grundbegriffe der Kosten- und Leistungsrechnung
Zuerst sollen die Grundbegriffe erläutert werden:
Einnahmen und Ausgaben entstehen durch Veränderung des Geldvermögens. Alle Geschäftsfälle, die das Geldvermögen erhöhen, führen zu Einnahmen, alle die es verringern, führen zu Ausgaben.

	Zahlungsmittelbestand
+	Kurzfristige Forderungen
-	Kurzfristige Verbindlichkeiten
=	**Geldvermögen**

Aufwendung und Erträge beziehen sich auf das Eigenkapital. Alle Geschäftsfälle, die das Eigenkapital erhöhen, führen zu Erträgen, alle die es verringern, führen zu Aufwendungen.

	Anlagevermögen
+	Vorräte
+	Geldvermögen
-	Langfristige Schulden
=	**Eigenkapital**

LÖSUNGEN

Begutachtung der Geschäftsfälle im Monat August 2012:

		Aufwand	Ertrag	Kosten	Leistung	Einnahme	Ausgabe
1.	Barverkauf von Erzeugnissen, netto 1.000 €	0 €	1.000 €	0 €	1.000 €	1.000 €	0 €
	Erläuterung: Durch den Barverkauf erhöht sich der Zahlungsmittelbestand und somit das Geldvermögen. Es entstehen also Einnahmen. Durch die Erhöhung des Geldvermögens erhöht sich das Eigenkapital, somit entstehen zusätzlich Erträge. Da die Erträge betrieblich veranlasst sind entstehen gleichzeitig Leistungen.							
2.	Kunde bezahlt eine Eingangsrechnung aus Juni 2012, per Banküberweisung 5.000 €	0 €	0 €	0 €	0 €	0 €	0 €
	Erläuterung: Durch den Zahlungseingang erhöht sich zwar der Zahlungsmittelbestand, allerdings nehmen die kurzfristigen Forderungen im gleichen Umfang ab, somit verändert sich das Geldvermögen nicht. Auch das Eigenkapital verändert sich durch den Geschäftsfall nicht, sodass alle Zellen mit „0 €" versehen werden.							
3.	Entnahme von Material aus dem Lager für die Produktion, Wert 300 €	300 €	0 €	300 €	0 €	0 €	0 €
	Erläuterung: Durch den Geschäftsfall wird das Geldvermögen nicht verändert. Da die Vorräte durch den Geschäftsfall abnehmen, mindert sich das Eigenkapital und somit entstehen Aufwendungen. Da die Aufwendungen betrieblich veranlasst sind, entstehen gleichzeitig Kosten.							
4.	Eingangsrechnung für Rohstoffe netto 500 €, Rohstoffe werden eingelagert	0 €	0 €	0 €	0 €	0 €	500 €
	Erläuterung: Durch den Kauf der Rohstoffe nehmen die kurzfristigen Verbindlichkeiten zu. Dadurch nimmt das Geldvermögen ab, es handelt sich um Ausgaben. Durch die Einlagerung nehmen die Vorräte zu, somit verändert sich das Eigenkapital nicht, da das Geldvermögen im gleichen Umfang abnimmt.							
5.	Barkauf von Büromaterial im Wert von 100 €	100 €	0 €	100 €	0 €	0 €	100 €
	Erläuterung: Durch den Barkauf verringert sich der Zahlungsmittelbestand und somit auch das Geldvermögen. Es ergeben sich Ausgaben. Durch die Abnahme des Geldvermögens verringert sich das Eigenkapital, der Barkauf von Büromaterial führt zu Aufwendungen, da das Büromaterial betrieblich genutzt wird, ergeben sich zugleich Kosten.							

Lösung zu Aufgabe 12: Kostenartenrechnung I

Einzelkosten sind alle Kosten, die einem Kostenträger (Produkt/Dienstleistung) direkt (einzeln) zuordenbar sind. Dies sind z. B. Fertigungsmaterial und Fertigungslöhne.

Sondereinzelkosten sind alle Kosten die zwar dem Kostenträger direkt zurechenbar sind, aber nicht im eigentlichen Leistungsprozess entstehen bzw. nicht direkt ins Erzeugnis eingehen.

Man unterscheidet hierbei

- Sondereinzelkosten der Fertigung, z. B. Spezialwerkzeuge oder Modellkosten, und
- Sondereinzelkosten des Vertriebes, z. B. Verpackungskosten und Transportkosten.

Gemeinkosten sind alle Kosten die einem Kostenträger nicht direkt zuzurechnen sind, sie fallen im Rahmen der gesamten betrieblichen Tätigkeit an. Dies sind z. B. Abschreibungen, Miete, Gehälter, Versicherungen, etc.

Lösung zu Aufgabe 13: Kostenartenrechnung II, Einteilung der Kosten

a) **Primärkosten**
Als Primärkosten werden die Gemeinkosten für Inputfaktoren bezeichnet, die von außerhalb des Unternehmens in das Unternehmen kommen. Die Primärkosten entstehen durch die Beschaffung von z. B.:

- Material
- Arbeitskräften
- Verwaltungskosten
- Vertriebskosten.

Im Rahmen der Kostenstellenrechnung werden die Primärkosten aus der Betriebsergebnisrechnung der Ergebnistabelle übernommen und als Kostenstellen-Einzelkosten bzw. Kostenstellen-Gemeinkosten auf die Kostenstellen verteilt.

INFO

Kostenstellen-Einzelkosten sind die Gemeinkosten, die den Kostenstellen direkt auf Grundlage von Belegen zugeordnet werden können, so z. B. Reparaturkosten. Dies sind Gemeinkosten, da sie dem Kostenträger nicht direkt zurechenbar sind. Allerdings können sie einer Kostenstelle auf Grundlage eines Beleges (in diesem Fall die Rechnung) direkt zugerechnet werden und sind somit Kostenstellen-Einzelkosten.

Kostenstellen-Gemeinkosten sind Gemeinkosten, die einer Kostenstelle auf Basis von Verteilungsschlüsseln bzw. Schlüsselzahlen zugeordnet werden. So handelt es sich bei der Miete um Gemeinkosten, da sie auf einem Kostenträger nicht direkt zurechenbar ist. Die Miete kann z. B. auf Basis der Quadratmeter der jeweiligen Kostenstelle im Verhältnis zu den Gesamtquadratmetern auf die Kostenstellen verteilt werden. Somit handelt es sich bei der Miete um „klassische" Kostenstellen-Gemeinkosten.

Sekundärkosten:
Sind alle Gemeinkosten auf die Kostenstellen verteilt, müssen die Allgemeinen und Hilfskostenstellen auf die anderen Kostenstellen „abgeschlossen" werden.

Das bedeutet, dass durch eine innerbetriebliche Leistungsverrechnung, z. B. durch Stufenleiterverfahren, Anbauverfahren, Gleichungsverfahren etc. die Gemeinkosten der Allgemeinen- und Hilfskostenstellen auf die anderen Kostenstellen verteilt werden.

Am Ende dürfen „nur" Hauptkostenstellen übrig bleiben. Die Gemeinkosten die eine Kostenstelle auf Grundlage dieser Kostenstellenumlage „tragen" muss, bezeichnet man als **Sekundärkosten**.

b) Als **Istkosten** werden die tatsächlich angefallenen Kosten einer Abrechnungsperiode bezeichnet. Sie werden am Ende einer Abrechnungsperiode ermittelt und dienen hauptsächlich der Kontrolle, werden aber auch für zukünftige Planungen eingesetzt.

Als **Normalkosten** bezeichnet man die Durchschnittskosten der vorangegangenen Abrechnungsperioden, die am Anfang einer Abrechnungsperiode zur Planung der laufenden Periode angesetzt werden.

Am Ende der Abrechnungsperiode werden die Normal- und Istkosten miteinander verglichen, Abweichungen berechnet und analysiert.

Plankosten sind die Kosten die für eine zukünftige Abrechnungsperiode, bei einer bestimmten Kostenfunktion und bei einem unterstellten Beschäftigungsgrad ermittelt werden.

Ist die Abrechnungsperiode abgeschlossen werden die Istkosten der geplanten Abrechnungsperiode ermittelt und im Rahmen der Plankostenrechnung Abweichungen berechnet und analysiert.

c) Im Rahmen der Selbstkostenrechnung wird versucht, einem Kostenträger alle auf ihn anfallenden Einzel-, Sondereinzel- und Gemeinkosten zuzurechnen. Die sich daraus ergebenden Selbstkosten, werden als **Vollkosten** bezeichnet, da alle angefallenen Kosten zugerechnet wurden.

Bei den **Teilkosten** wird eine Unterscheidung in fixe und variable Kostenbestandteile vorgenommen. Als Teilkosten werden hierbei die variablen Anteile, die ein Kostenträger tragen muss, bezeichnet.

Die Einteilung in Voll- bzw. Teilkosten ist notwendig, um die Berechnungen in den verschiedenen Kostensystemen vornehmen zu können.

d) **zu Teilaufgabe a)**

Einteilung der Kosten nach der Herkunft

- Primärkosten
- Sekundärkosten.

zu Teilaufgabe b)

Einteilung der Kosten nach dem Zeitraum

- Normalkosten
- Plankosten
- Istkosten.

zu Teilaufgabe c)

Einteilung der Kosten nach dem Umfang

- Vollkosten
- Teilkosten.

Lösung zu Aufgabe 14: Kostenartenrechnung III, Einteilung der Kosten

Darstellung Kostentabelle

Fall	Fixe Kosten	Variable Kosten	Einzelkosten/ Sondereinzelkosten	Gemeinkosten
1.	1.500 €	0 €	0 €	1.500 €
Erläuterung: Die Höhe der Miete ist unabhängig von der Produktionsauslastung, deshalb zählt die Miete zu den fixen Kosten. Außerdem ist die Miete nicht direkt den Kostenträgern zurechenbar, deshalb handelt es sich um Gemeinkosten.				
2.	0 €	25.000 €	25.000 €	0 €
Erläuterung: Die Fertigungslöhne fallen nur an, wenn auch tatsächlich produziert wird, deshalb handelt es sich um variable Kosten. Außerdem sind die Fertigungslöhne dem Produkt/Kostenträger direkt zurechenbar, es handelt sich deshalb um Einzelkosten.				
3.	10.000 €	0 €	0 €	10.000 €
Erläuterung: Die Abschreibungen stehen mit 10.000 € fest und fallen unabhängig von der Auslastung der Maschinen an, sie sind deshalb fixe Kosten. Außerdem sind die Abschreibungen nicht direkt den Produkten/Kostenträgern zuordnen, sie sind deshalb außerdem Gemeinkosten.				
4.	0 €	30.000 €	30.000 €	0 €
Erläuterung: Das Fertigungsmaterial wird nur verbraucht wenn auch tatsächlich produziert wird, die Kosten fallen also proportional (variabel) zum Auslastungsgrad an. Außerdem ist auf Grundlage der Stücklisten das Fertigungsmaterial genau dem Kostenträger zuzuordnen, es handelt sich deshalb um Einzelkosten.				
5.	0 €	5.000 €	5.000 €	0 €
Erläuterung: Die Kosten für die Verpackung fallen nur an, wenn ein Produkt hergestellt und verkauft wird, deshalb sind die Verpackungskosten variable Kosten. Außerdem sind die Verpackungskosten direkt dem Kostenträger/Produkte zuzuordnen, sie gehen allerdings nicht ins Produkt ein, es handelt sich deshalb um Sondereinzelkosten.				
6.	3.500 €	0 €	0 €	3.500 €
Erläuterung: Das Meistergehalt wird gezahlt, egal ob in der Kostenstelle produziert wird oder nicht, deshalb handelt es sich um fixe Kosten. Außerdem ist das Gehalt des Meisters nicht direkt dem Produkt/Kostenträger zuzuordnen, deshalb handelt es sich um Gemeinkosten.				
7.	4.500 €	0 €	0 €	4.500 €
Erläuterung: Die kalkulatorischen Zinsen werden berechnet auf Basis des gebundenen Kapitals, die Höhe der kalkulatorischen Zinsen fallen also unabhängig vom Beschäftigungsgrad an, deshalb handelt es sich um fixe Kosten. Außerdem sind die kalkulatorischen Zinsen nicht direkt dem Kostenträger/Produkt zuordenbar, es handelt sich deshalb um Gemeinkosten.				

LÖSUNGEN

Allgemein:
Grundsätzlich kann folgende Feststellung getroffen werden: „Variable Kosten sind entweder Einzel- oder Sondereinzelkosten, fixe Kosten sind meist Gemeinkosten".

Lösung zu Aufgabe 15: Kostenermittlung

a) 1. Ermittlung der Maschinenlaufzeit in Stunden

   Maschinenlaufzeit   250 Tage • 2 Schichten • 8 Stunden
   4.000 Maschinenstunden

2. Ermittlung der einzelnen Kostenarten, unterschieden in fixe und variable Bestandteile

Kostenart	gesamt	fix	variabel
Kalkulatorische Abschreibungen	30.000 €	30.000 €	
Kalkulatorische Zinsen	10.000 €	10.000 €	
Betriebsstoffverbrauch	2.000 €		2.000 €
Stromverbrauch	22.000 €	400 €	21.600 €
Versicherung	1.000 €	1.000 €	
Summe Kosten	**65.000 €**	**41.400 €**	**23.600 €**

Erläuterungen zu den Berechnungen:

Kalkulatorische Abschreibung:

$$= \frac{\text{Wiederbeschaffungswert - Restwert}}{\text{betriebsgewöhnliche Nutzungsdauer}}$$

$$= \frac{300.000 \text{ €}}{10 \text{ Jahre}}$$

Kalkulatorische Zinsen:

$$= \frac{\text{Anschaffungskosten + Restwert}}{2} \cdot \text{Zinssatz}$$

$$= \frac{250.000 \text{ €}}{2} \cdot 8\%$$

Betriebsstoffverbrauch:

= Maschinenlaufzeit • Verbrauch je Stunde = 4.000 Std. • 0,50 €

Stromverbrauch:

= Maschinenlaufzeit · Anschlusswert · Leistungsaufnahme · Verbrauch je Stunde + Grundpreis

= 4.000 Std. · 60 kWh · 60 % · 0,15 € + (4 · 100 €)

Versicherung:

Jährlicher Betrag = 1.000 €

3. Ermittlung des Maschinenstundensatzes, unterschieden in fixen und variablen Anteil

Kostenart	gesamt	fix	variabel
Summe Kosten	65.000,00 €	41.400,00 €	23.600,00 €
Maschinenstundensatz	16,25 €	10,35 €	5,90 €

$$\text{Maschinenstundensatz} = \frac{\text{Summe Kosten}}{\text{Laufzeit der Maschinen (in Stunden)}}$$

b) Die fixen Gesamtkosten bleiben bei einer Veränderung der Laufzeit unverändert. Auch wenn die Laufzeit sich auf 200 bzw. 150 Tage ändert, im vorliegenden Fall bleiben die fixen Gesamtkosten konstant bei 41.400 €.

Die variablen Kosten je Maschinenstunde bleiben ebenfalls unverändert, d. h. pro Maschinenstunde fallen im vorliegendem Fall 5,90 € an. Allerdings verändern sich die variablen Gesamtkosten proportional.

Aus dieser Erkenntnis lässt sich für die Maschine folgende Kostenfunktion aufstellen:

K(x) = 41.400 + 5,9x

Mit dieser Kostenfunktion lassen sich für jede beliebige Maschinenlaufzeit die Gesamtkosten ermitteln.

Maschinenstundensatz bei einer Laufzeit von 200 Tagen

Maschinenlaufzeit   200 Tage · 2 Schichten · 8 Stunden
                        3.200 Maschinenstunden

	gesamt	fix	variabel
Summe Kosten	60.280,00 €	41.400,00 €	18.880,00 €
Maschinenstundensatz	18,84 €	12,94 €	5,90 €

LÖSUNGEN

Maschinenstundensatz bei einer Laufzeit von 150 Tagen

Maschinenlaufzeit 150 Tage • 2 Schichten • 8 Stunden
2.400 Maschinenstunden

	gesamt	fix	variabel
Summe Kosten	55.560,00 €	41.400,00 €	14.160,00 €
Maschinenstundensatz	23,15 €	17,25 €	5,90 €

c) Die unterschiedlichen Kostensätze basieren auf der Fixkostendegression.

Die fixen Gesamtkosten sind unabhängig von der Laufzeit, deshalb bleiben sie in der Höhe konstant.

Für die fixen Stückkosten gilt allerdings, dass bei steigender Laufzeit die fixen Kosten je Maschinenstunde degressiv abnehmen und bei sinkender Laufzeit die fixen Kosten je Stunde dementsprechend zunehmen.

Dass mit steigender Auslastung die fixen Stückkosten abnehmen, wird als Fixkostendegression bzw. Degressionseffekt der Fixkosten bezeichnet.

Lösung zu Aufgabe 16: Kostenartenrechnung IV, Kostenverläufe

a) **Fixe Gesamtkosten** entstehen unabhängig vom Beschäftigungsgrad, dies sind im vorliegenden Fall die Abschreibungen in Höhe von 10.000 €. Diese entstehen egal wie hoch die Kapazitätsauslastung der Maschine ist.

Die fixen Gesamtkosten verlaufen hierbei konstant, unabhängig vom Beschäftigungsgrad, die fixen Stückkosten nehmen mit steigendem Beschäftigungsgrad ab. (Fixkostendegression).

Die **variablen Gesamtkosten** entstehen abhängig vom Beschäftigungsgrad, dies sind im vorliegenden Fall die Kosten für Kartonage, die pro Packvorgang verbraucht werden.

Die variablen Gesamtkosten verlaufen proportional zum Beschäftigungsgrad, die variablen Stückkosten verlaufen konstant zum Beschäftigungsgrad, pro Packvorgang werden 5 € Kartonage verbraucht.

b)

Menge	fixe Gesamtkosten (in €)	fixe Stückkosten (in €)	variable Stückkosten (in €)	variable Gesamtkosten (in €)
0	10.000,00	-	-	-
5.000	10.000,00	2,00	5,00	25.000,00
10.000	10.000,00	1,00	5,00	50.000,00
15.000	10.000,00	0,67	5,00	75.000,00
20.000	10.000,00	0,50	5,00	100.000,00

c)

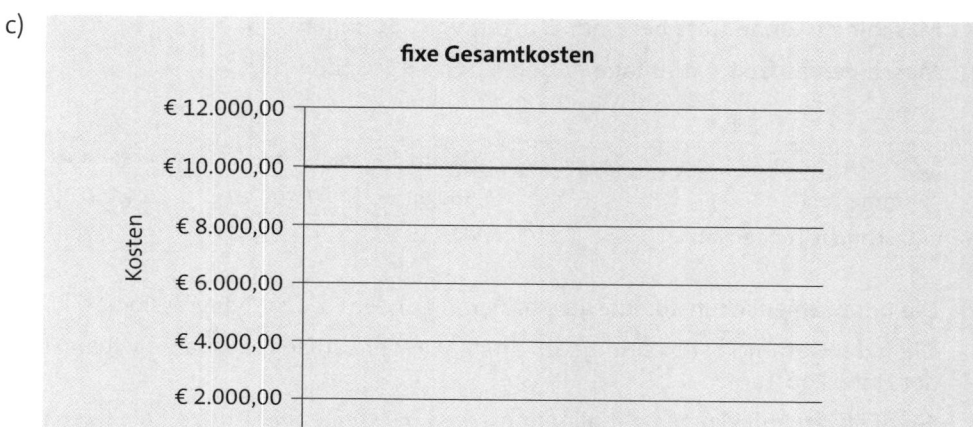

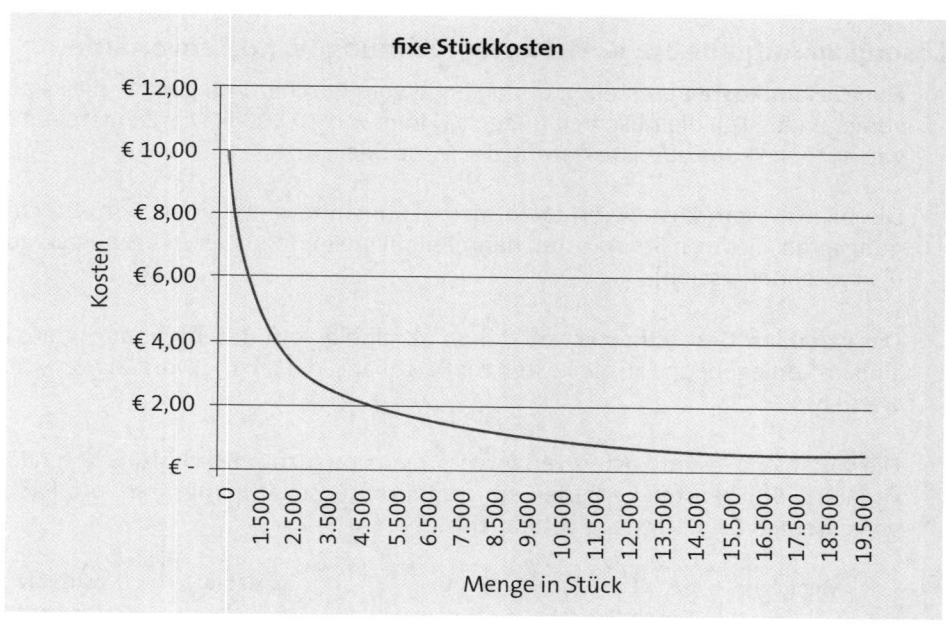

LÖSUNGEN

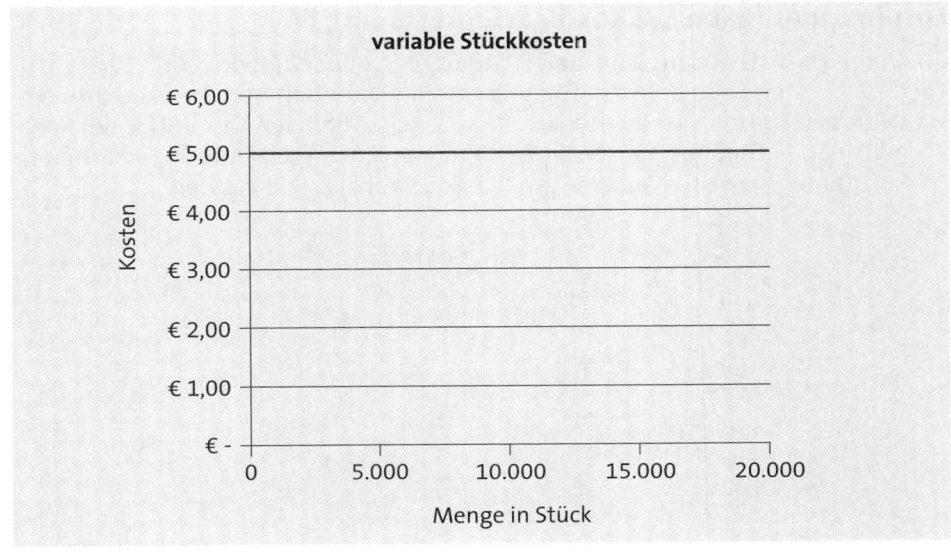

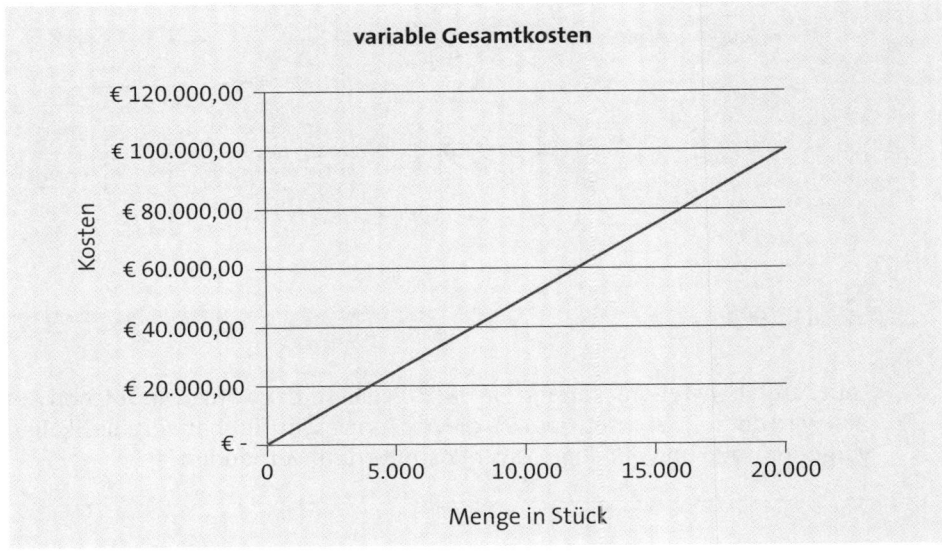

 TIPP

Achten Sie bei der Erstellung von Diagrammen darauf, dass Sie die Achsen beschriften und eine Skalierung vornehmen.

Lösung zu Aufgabe 17: Kostenartenrechnung IV

a) Unter Fixkostendegression bzw. „Gesetz der Massenproduktion" versteht man, dass bei steigendem Beschäftigungsgrad im Unternehmen die fixen Stückkosten degressiv sinken. Dies ergibt sich daraus, dass die fixen Gesamtkosten konstant zum Beschäftigungsgrad verlaufen und somit bei steigender Beschäftigung die konstanten Fixkosten auf eine größere Stückzahl verteilt werden.

b)
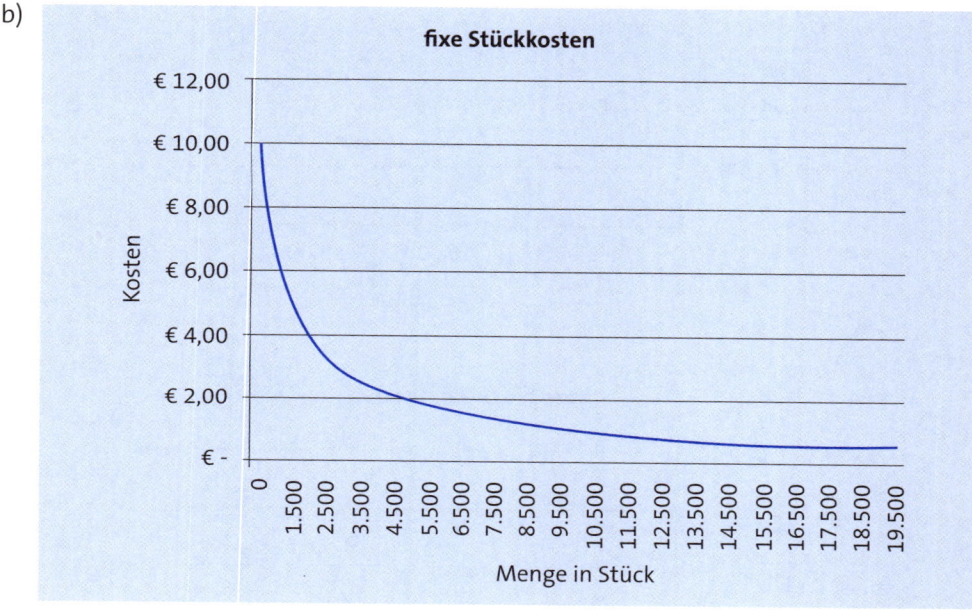

INFO

Laut Aufgabenstellung können Sie das Beispiel selber wählen. In solchen Aufgaben wird darauf geachtet, dass Sie die Achsen beschriftet haben, eine Skalierung vorgenommen und ein degressiver Kostenverlauf vorhanden ist.

c) Unter Kostenremanenz versteht man, dass die fixen Gesamtkosten bei steigender Beschäftigung schneller steigen, als sie bei fallender Beschäftigung wieder sinken.

Beispiel

Beispiel 1

Ein Unternehmen hat derzeit eine Maschine mit einer Kapazität von 5.000 Stück. Die jährlichen Abschreibungen betragen 20.000 €. Die Kapazität soll durch den Kauf einer identischen Maschine verdoppelt werden. Die Kapazität steigt auf 10.000 Stück, die jährlichen Abschreibungen steigen auf 40.000 €. Fällt die Auslastung der Maschinen wieder auf 5.000 Stück zurück, bleiben die fixen Gesamtkosten trotzdem bei 40.000 €, da die Maschine im Regelfall nicht gleich verkauft wird. Die Fixkosten lösen sich erst auf, wenn die Maschine verkauft wird.

Beispiel 2

Geht die Auslastung der Maschinen zurück, können nicht alle Gehaltsempfänger, die nicht mehr benötigt werden, sofort freigesetzt werden. Es sind Kündigungsfristen bzw. auch Fristen für interne Umsetzungen zu beachten. Solange bleiben die Fixkosten noch konstant, auch wenn der Beschäftigungsgrad sinkt.

Lösung zu Aufgabe 18: Kostenartenrechnung V; Differenz-Quotienten-Verfahren

a) Im Rahmen der Situation sind für zwei Monate die jeweiligen Gesamtkosten und die entsprechende Menge bzw. Auslastung gegeben. Es wird ein linearer Kostenverlauf unterstellt.

Bevor die Werte berechnet werden, müssen folgende Grundüberlegungen vorgenommen werden.

Wenn sich die Ausbringungsmenge in den Monaten ändert und daraus resultierend sich auch die Gesamtkosten verändern, können die veränderten Kosten nur variable Kosten darstellen, da der Fixkostenblock unabhängig vom Beschäftigungsgrad anfällt.

Um aus den gegebenen Gesamtkosten die fixen und variablen Anteile zu berechnen, wird das Differenz-Quotienten-Verfahren angewendet.

Dieses ermittelt die variablen Stückkosten, indem die Veränderung der Kosten (Delta der Kosten) durch die Veränderung der Menge (Delta der Menge) dividiert wird.

Sind die variablen Stückkosten ermittelt, lassen sich die variablen Gesamtkosten errechnen (variable Stückkosten • Menge), diese werden von den Gesamtkosten subtrahiert und es ergeben sich die fixen Gesamtkosten, die in den jeweiligen Monaten gleich sein müssen.

1. Ermittlung der Kostenänderung bzw. Mengenänderung

	Gesamtkosten €	Menge Stück	Beschäftigungsgrad %
Jan 12	187.500	15.000	20
Feb 12	525.000	60.000	80
Differenz (Delta)	**337.500**	**45.000**	

2. Ermittlung der variablen Stückkosten, mithilfe des Differenz-Quotienten-Verfahrens

$$\text{variable Stückkosten} = \frac{\text{Kostenänderung}}{\text{Mengenänderung}}$$

$$= \frac{337.500,00\ \text{€}}{45.000} = 7,50\ \text{€}$$

3. Ermittlung der fixen Gesamtkosten

	Jan 12	Feb 12
Gesamtkosten	187.500 €	525.000 €
- variable Gesamtkosten	112.500 €	450.000 €
= **fixe Gesamtkosten**	**75.000 €**	**75.000 €**

Erläuterung:

Ermittlung der variablen Gesamtkosten:

Monat Januar 2012 = 7,50 € • 15.000 Stück
Monat Februar 2012 = 7,50 € • 60.000 Stück

b) Grundsätzlich ist die Kostenfunktion folgendermaßen aufgebaut:

$$K(x) = \text{fixe Gesamtkosten} + (\text{variable Stückkosten} \cdot \text{Menge})$$

Kostenfunktion für Teilaufgabe a)

$K(x) = 75.000 + 7,5x$

c) Kostenfunktion:

$K(x) = 75.000 + 7,5x$

$K(37.500) = 75.000 + (7,5 \cdot 37.500)$

$K(37.500) = 356.250\ \text{€}$

Beschäftigungsgrad
50 % = 37.500 Stück

Lösung zu Aufgabe 19: Aufgaben der Kostenstellenrechnung

a) Als Kostenstelle können alle Tätigkeits- und Verantwortungsbereiche in einem Unternehmen bezeichnet werden, die abgrenzbar sind. Vereinfacht wird häufig gesagt, Kostenstellen sind die Orte, in denen die Kosten entstehen.

Eine Kostenstelle, die in jedem Unternehmen anzutreffen sein wird, ist die allgemeine Verwaltung, aber auch das Lager bzw. der Einkauf sind wichtige Kostenstellen im Unternehmen.

Bei den Beispielen kann individuell geantwortet werden.

b) Aufgaben der Kostenstellenrechnung sind z. B.:
   1. Verteilung der Gemeinkosten aus der betrieblichen Tätigkeit auf die Kostenstellen
   2. Durchführung der internen Leistungsverrechnung zwischen den Kostenstellen
   3. Ermittlung von Zuschlagssätzen für die Kalkulation
   4. Ermittlung von Kostenüber- bzw. -unterdeckungen durch Gegenüberstellung von Normal- und Istkosten
   5. Kostenkontrolle und Abweichungsanalyse.

zu 1.
Die zentrale Aufgabe der Kostenstellenrechnung ist die Verteilung der Gemeinkosten auf die entsprechenden Kostenstellen.

Hierbei werden aus der Betriebsergebnisrechnung der Ergebnistabelle die Gemeinkosten entnommen und als Kostenstellen-Einzelkosten bzw. Kostenstellen-Gemeinkosten auf die Kostenstellen verteilt.

Bei Kostenstellen-Einzelkosten können die Gemeinkosten den Kostenstellen direkt auf Basis von Belegen, z. B. Eingangsrechnungen, zugeordnet werden, beispielsweise Reparaturen.

Bei Kostenstellen-Gemeinkosten werden die Gemeinkosten auf Basis von Verteilungsschlüsseln, z. B. m² verteilt, beispielsweise Miete.

zu 2.
Da Zuschlagssätze nur für die Hauptkostenstellen (Material, Fertigung, Verwaltung, Vertrieb) ermittelt werden, müssen die allgemeinen Kostenstellen und die Hilfskostenstellen auf die Hauptkostenstellen umgelegt werden.

Die interne Leistungsverrechnung kann mit verschieden Verfahren, z. B Stufenleiterverfahren, Blockverfahren, etc. durchgeführt werden.

Welches Verfahren angewendet wird, wird grundsätzlich im Unternehmen festgelegt. Man muss unterscheiden, welche Leistungsbeziehungen zwischen den Kostenstellen bestehen und wie genau eine Kostenverteilung vorgenommen werden soll.

zu 3.
Um die Gemeinkosten in der Kalkulation anteilig auf die Kostenträger zu verteilen, müssen Zuschlagssätze ermittelt werden. Die Zuschlagssätze werden in der Kostenstellenrechnung ermittelt, indem die Gemeinkosten der Kostenstelle ins Verhältnis zu der entsprechenden Zuschlagsbasis gesetzt werden.

Die Zuschlagsbasis für den Materialbereich ist das in einer Abrechnungsperiode verbrauchte Fertigungsmaterial, für die Fertigung sind dies die in einer Abrechnungsperiode gezahlten Fertigungslöhne und für den Verwaltungs- bzw. Vertriebsbereich sind dies die Herstellkosten des Umsatzes.

LÖSUNGEN

zu 4.

Die Kostenstellenrechnung wird sowohl am Anfang, als auch am Ende der Abrechnungsperiode durchgeführt. Am Anfang der Abrechnungsperiode werden zur Planung der laufenden Periode Normalkosten verwendet. Am Ende der Periode werden in der Kostenstellenrechnung die tatsächlich angefallenen Istkosten ermittelt.

Um Abweichungen analysieren zu können, werden für jede Kostenstelle die Differenzen zwischen Normalkosten und Istkosten in Form von Kostenstellenüber- bzw. -unterdeckungen ermittelt.

zu 5.

Die ermittelten Kostenstellenüber- bzw. -unterdeckungen werden analysiert, um die Ursachen für die Differenz zwischen Planung und Istzustand zu ermitteln.

Aus den Abweichungen kann unter anderen abgeleitet werden wo es Fehlerquellen gibt, wo Optimierungen vorgenommen werden können oder was bei zukünftigen Planungen berücksichtigt werden muss.

Lösung zu Aufgabe 20: Kostenstellenrechnung, Verrechnung Gemeinkosten

a) **Kostenstellen-Einzelkosten** sind Gemeinkosten, die einer Kostenstelle auf Grundlage von Belegen direkt zurechenbar sind, z. B.:

- Kosten der Reparatur sind aufgrund der Eingangsrechnung genau zuordenbar.
- Kosten für Büromaterial sind aufgrund der Eingangsrechnung direkt zurechenbar.

Kostenstellen-Gemeinkosten sind Gemeinkosten, die auf Basis eines Verteilungsschlüssels bzw. anhand von Verhältniszahlen verteilt werden, z. B. die Gesamtmiete für das Unternehmen, Versicherung, Reinigungskosten.

b) Mögliche Verteilungsschlüssel für Kostenstellen-Gemeinkosten sind z. B.

- nach Quadratmetern
- nach Vermögenswerten
- nach Anzahl der Mitarbeiter
- nach Zeitdauer.

c) Konkrete Vorschläge für Kostenstellen-Gemeinkosten aus Teilaufgabe a) sind

- Miete nach Quadratmetern
- Reinigung nach Quadratmetern
- Versicherung nach Mitarbeitern
- Kalkulatorische Zinsen nach gebundenem Kapital.

Lösung zu Aufgabe 21: Betriebsabrechnungsbogen

Lösungsskizze zu den Teilaufgaben a), b), c)

	Summe	Kostenstellen (alle Angaben in €)					
		1	2	3	4	5	6
Gemeinkostenmaterial	30.000	10.000	2.000	5.000	7.000	5.000	1.000
Gehälter	50.000	5.000	3.000	6.000	3.000	3.000	30.000
Reinigung	15.000	3.000	2.100	900	3.000	3.600	2.400
Büromaterial	5.000	500	250	750	500	250	2.750
Kalk. Zinsen	70.000	17.500	5.250	4.550	14.000	14.000	14.700
Summe Gemeinkosten	170.000	36.000	12.600	17.200	27.500	25.850	50.850
Umlage Fuhrpark			4.800	7.200	7.200	2.400	14.400
Zwischensumme			17.400	24.400	34.700	28.250	65.250
Umlage Arbeitsvorb.					9.760	14.640	
Stellengemeinkosten			17.400		44.460	42.890	65.250
Zuschlagsbasis			100.000		36.000	55.000	295.750
Zuschlagssatz			17,40 %		123,50 %	77,98 %	22,06 %

Hinweise zur Berechnung:

zu a)

▶ **Verteilung der „Reinigungskosten":**
Es wird zuerst die Summe aller Verteilungsanteile gebildet. Es sind insgesamt 500 m² Reinigungsfläche, dies entspricht 15.000 € Gemeinkosten. Es werden dann die Gemeinkosten je Kostenstelle mittels Dreisatz berechnet:

Z. B. für die Kostenstelle „Fuhrpark" 15.000 € : 500 m² • 100 m² = 3.000 €

▶ **Verteilung der „Kalkulatorischen Zinsen:**
Auch hier wird zuerst die Summe der Verteilungsanteile gebildet. Es sind insgesamt 2.000.000 € gebundenes Kapital. Dies entspricht 70.000 € kalkulatorischen Zinsen. Es werden anschließend die Gemeinkosten je Kostenstelle mittels Dreisatz berechnet:
Z. B. für die Kostenstelle „Fuhrpark" 70.000 € : 2.000.000 € • 500.000 € = 17.500 €

 TIPP

Ein Verteilungsschlüssel muss nicht in Form von m², Stück, etc. gegeben sein. Lassen Sie sich nicht davon irritieren, dass der Verteilungsschlüssel in Euro (gebundenes Kapital) gegeben ist. Führen Sie die Verteilung nach dem bestimmten Rechenverfahren durch.

Sind alle Gemeinkosten verteilt, wird in der Zeile „Summe Gemeinkosten" die Summe je Kostenstelle berechnet.

zu b)

Die Kostenstelle „Fuhrpark" hat 36.000 € Gemeinkosten. Diese sollen mit dem angegebenen Verteilungsschlüssel auf die nachfolgenden Kostenstellen verteilt werden.

Die Summe der Verteilungszahlen beträgt 15.

36.000 € entsprechen also 15 Anteilen und werden dann mit den entsprechenden Schlüsselzahlen auf die Kostenstellen verteilt:

Z. B. für die Kostenstelle „Material" 36.000 € : 15 • 2 = 4.800 €

Nachfolgend wird die Zwischensumme gebildet.

Nun werden die 24.400 € der Fertigungshilfskostenstelle verteilt (insgesamt 5 Anteile, diese entsprechen 24.400 €):

Z. B. für die Kostenstelle „Fertigung I" 24.400 € : 5 • 2 = 9.760 €.

Nachfolgend wird die Summe der Hauptkostenstellen in der Zeile „Stellengemeinkosten" gebildet.

zu c)

Die Gemeinkostenzuschlagssätze der Hauptkostenstellen werden allgemein gebildet nach der Formel:

$$\text{Gemeinkostenzuschlagssatz} = \frac{\text{Gemeinkosten} \cdot 100}{\text{Zuschlagsbasis}}$$

Die Zuschlagsbasis für die Materialstelle sind das Fertigungsmaterial, für die Fertigungsstelle die Fertigungslöhne und für die Verwaltungs- und Vertriebsstelle die Herstellkosten des Umsatzes.

Das Fertigungsmaterial und die jeweiligen Fertigungslöhne sind gegeben, die Herstellkosten des Umsatz lassen sich mithilfe der nachfolgenden Selbstkostenrechnung aus dem Betriebsabrechnungsbogen nach folgendem Schema berechnen:

LÖSUNGEN

	Fertigungsmaterial	100.000 €	
−	Materialgemeinkosten	17.400 €	
=	**Materialkosten**		**117.400 €**
	Fertigungslöhne I	36.000 €	
+	Fertigungsgemeinkosten	44.460 €	
=	**Fertigungskosten I**		**80.460 €**
	Fertigungslöhne II	55.000 €	
+	Fertigungsgemeinkosten II	42.890 €	
=	**Fertigungskosten II**		**97.890 €**
=	**Herstellkosten der Produktion**		**295.750 €**
+	Bestandsminderungen		
−	Bestandsmehrungen		
=	**Herstellkosten des Umsatzes**		**295.750 €**

Berechnung der Zuschlagssätze:

$$\text{Materialgemeinkostenzuschlagssatz} = \frac{\text{Materialgemeinkosten} \cdot 100}{\text{Fertigungsmaterial}}$$

$$= \frac{17.400\ € \cdot 100}{100.000\ €} = 17{,}4\ \%$$

$$\text{Fertigungsgemeinkostenzuschlagssatz I} = \frac{\text{Fertigungsgemeinkosten I} \cdot 100}{\text{Fertigungslöhne I}}$$

$$= \frac{44.460\ € \cdot 100}{36.000\ €} = 123{,}5\ \%$$

$$\text{Fertigungsgemeinkostenzuschlagssatz II} = \frac{\text{Fertigungsgemeinkosten II} \cdot 100}{\text{Fertigungslöhne II}}$$

$$= \frac{42.890\ € \cdot 100}{55.000\ €} = 77{,}98\ \%$$

$$\text{Verwaltungs-/Vertriebsgemeinkostenzuschlagssatz} = \frac{\text{Verwaltungs-/Vertriebsgemeinkosten} \cdot 100}{\text{Herstellkosten des Umsatzes}}$$

$$= \frac{65.250\ € \cdot 100}{295.750\ €} = 22{,}06\ \%$$

Lösung zu Aufgabe 22: Betriebsabrechnungsbogen II

a)

	AKS Fuhrpark	AKS Küche	HKS Material	Fertigung I	Fertigung II	Verwaltung	Vertrieb
Summe der Gemeinkosten	15.000,00 €	19.000,00 €	35.000,00 €	40.000,00 €	120.000,00 €	38.000,00 €	26.000,00 €
Umlage Fuhrpark		2.812,50 €	1.875,00 €	1.875,00 €	3.750,00 €	1.875,00 €	2.812,50 €
Zwischensumme		21.812,50 €	36.875,00 €	41.875,00 €	123.750,00 €	39.875,00 €	28.812,50 €
Umlage Küche			3.355,77 €	3.355,77 €	5.033,65 €	6.711,54 €	3.355,77 €
Stellengemeinkosten			40.230,77 €	45.230,77 €	128.783,65 €	46.586,54 €	32.168,27 €
			Fertigungsmaterial	Fertigungslöhne I	Fertigungslöhne II	Herstellkosten des Umsatz	
Zuschlagsgrundlage			110.000,00 €	85.000,00 €	60.000,00 €	467.245,19 €	
Zuschlagssätze			36,57 %	53,21 %	214,64 %	9,97 %	6,88 %

Erläuterung:

1. Umlage „Allgemeine Kostenstelle Fuhrpark"

   15.000 € entsprechen 16 Anteilen, Verteilung mithilfe des Dreisatzes

   $$\text{z. B. für Küche} = \frac{15.000,00 \text{ €} \cdot 3 \text{ Anteile}}{16 \text{ Anteile}} = 2.812,50 \text{ €}$$

2. Bildung der Zwischensumme

3. Umlage „Allgemeine Kostenstelle Küche"

   21.812,50 € entsprechen 13 Anteilen, Verteilung mithilfe des Dreisatzes

   $$\text{z. B. für die Materialstelle} = \frac{21.812,50 \text{ €} \cdot 2 \text{ Anteile}}{13 \text{ Anteile}} = 3.355,77 \text{ €}$$

4. Ermittlung der Stellengemeinkosten

5. Ermittlung des Materialgemeinkostenzuschlagsatzes

   $$= \frac{\text{Materialgemeinkosten} \cdot 100}{\text{Fertigungsmaterial}}$$

   $$= \frac{40.230,77 \text{ €} \cdot 100}{110.000,00 \text{ €}} = 36,57 \%$$

LÖSUNGEN

6. Ermittlung des Fertigungsgemeinkostenzuschlagsatzes I

$$= \frac{\text{Fertigungsgemeinkosten I} \cdot 100}{\text{Fertigungslöhne I}}$$

$$= \frac{45.230{,}77\ € \cdot 100}{85.000{,}00\ €} = 53{,}21\ \%$$

7. Ermittlung des Fertigungsgemeinkostenzuschlagsatzes II

$$= \frac{\text{Fertigungsgemeinkosten II} \cdot 100}{\text{Fertigungslöhne II}}$$

$$= \frac{128.783{,}65\ € \cdot 100}{60.000{,}00\ €} = 214{,}64\ \%$$

8. Ermittlung des Verwaltungsgemeinkostenzuschlagsatzes

$$= \frac{\text{Verwaltungsgemeinkosten} \cdot 100}{\text{Herstellkosten des Umsatzes}}$$

$$= \frac{46.586{,}54\ € \cdot 100}{467.245{,}19\ €} = 9{,}97\ \%$$

Die Ermittlung der Herstellkosten des Umsatzes kann auf Basis der Selbstkostenrechnung Teilaufgabe b) überprüft werden.

9. Ermittlung des Vertriebsgemeinkostenzuschlagssatzes

$$= \frac{\text{Vertriebsgemeinkosten} \cdot 100}{\text{Herstellkosten des Umsatzes}}$$

$$= \frac{32.168{,}27\ € \cdot 100}{467.245{,}19\ €} = 6{,}88\ \%$$

b) **Selbstkostenrechnung:**

	Fertigungsmaterial	110.000,00 €
-	Materialgemeinkosten	40.230,77 €
=	**Materialkosten**	**150.230,77 €**
	Fertigungslöhne I	85.000,00 €
+	Fertigungsgemeinkosten	45.230,77 €
=	**Fertigungskosten I**	**130.230,77 €**
	Fertigungslöhne II	60.000,00 €
+	Fertigungsgemeinkosten II	128.783,65 €
=	**Fertigungskosten II**	**188.783,65 €**
=	**Herstellkosten der Produktion**	**469.245,19 €**
+	Bestandsminderungen (FE)	13.000,00 €
-	Bestandsmehrungen (UE)	15.000,00 €
=	**Herstellkosten des Umsatzes**	**467.245,19 €**
+	Verwaltungsgemeinkosten	46.586,54 €
+	Vertriebsgemeinkosten	32.168,27 €
=	**Selbstkosten des Umsatzes**	**546.000,00 €**

Lösung zu Aufgabe 23: Betriebsabrechnungsbogen III, Ermittlung Zuschlagssätze

$$\text{Materialgemeinkostenzuschlagssatz} = \frac{\text{Materialgemeinkosten} \cdot 100}{\text{Fertigungsmaterial}}$$

$$= \frac{21.000\ € \cdot 100}{230.000\ €} = 9{,}13\ \%$$

$$\text{Fertigungsgemeinkostenzuschlagssatz} = \frac{\text{Fertigungsgemeinkosten} \cdot 100}{\text{Fertigungslöhne}}$$

$$= \frac{610.000\ € \cdot 100}{400.000\ €} = 152{,}5\ \%$$

$$\text{Verwaltungsgemeinkostenzuschlagssatz} = \frac{\text{Verwaltungsgemeinkosten} \cdot 100}{\text{Herstellkosten des Umsatzes}}$$

$$= \frac{120.000\ € \cdot 100}{1.241.000\ €\ (*)} = 9{,}67\ \%$$

(*) Berechnung der Herstellkosten des Umsatzes:

	Fertigungsmaterial	230.000 €	
-	Materialgemeinkosten	21.000 €	
=	**Materialkosten**		**251.000 €**
	Fertigungslöhne	400.000 €	
+	Fertigungsgemeinkosten	610.000 €	
=	**Fertigungskosten**		**1.010.000 €**
=	**Herstellkosten der Produktion**		**1.261.000 €**
+	Bestandsminderungen		
-	Bestandsmehrungen		20.000 €
=	**Herstellkosten des Umsatzes**		**1.241.000 €**

$$\text{Vertriebsgemeinkostenzuschlagssatz} = \frac{\text{Vertriebsgemeinkosten} \cdot 100}{\text{Herstellkosten des Umsatzes}}$$

$$= \frac{95.000\,€ \cdot 100}{1.241.000\,€} = 7{,}67\,\%$$

Lösung zu Aufgabe 24: Kostenstellenrechnung mit Ist- bzw. Normalgemeinkosten

a) **Istkosten** sind die tatsächlich in einer Abrechnungsperiode angefallenen Kosten. Sie werden am Ende der Abrechnungsperiode ermittelt und dienen der Kontrolle der geplanten Kosten. Außerdem werden Sie für zukünftige Planungen genutzt.

Im Rahmen der Kostenstellenrechnung werden die Istkosten genutzt, um die Ist-Zuschlagssätze zu ermitteln, die tatsächlich in der Abrechnungsperiode verwendet werden sollten.

Unter **Normalkosten** versteht man die Durchschnittskosten der Vorperioden. Es werden die Vorperioden betrachtet, ob es in den Vorperioden Ausreißer gab oder der Kostenverlauf relativ konstant war.

Die Normalkosten werden verwendet, um die laufende Abrechnungsperiode zu planen. Mit den in der Kostenstellenrechnung ermittelten Normalgemeinkostenzuschlagssätzen werden die Angebotskalkulationen der Erzeugnisse/Waren oder Leistungen durchgeführt.

b) Das **Unternehmensergebnis** bezeichnet den Gewinn oder Verlust aus allen unternehmerischen Aktivitäten. Dieses Ergebnis wird in der Buchführung ermittelt und kann der Gewinn- und Verlustrechnung entnommen werden.

Das **Betriebsergebnis** bezeichnet den Gewinn oder Verlust aus der betrieblichen Tätigkeit (Kerngeschäft) zu Istkosten. Es wird am Ende der Abrechnungsperiode in der Kosten- und Leistungsrechnung ermittelt.

Das **Umsatzergebnis** ist das Ergebnis aus der betrieblichen Tätigkeit (Kerngeschäft) zu Normalkosten. Es wird am Anfang der Abrechnungsperiode geplant. Es wird teilweise auch als Betriebsergebnis zu Normalkosten bezeichnet. Das Umsatzergebnis ist Teil der Kosten- und Leistungsrechnung.

Die Differenz zwischen Betriebs- und Umsatzergebnis ergibt sich aus Kostenstellenüber- bzw. -unterdeckungen.

Diese ergeben sich aus der Differenz zwischen den Normalgemeinkosten einer Kostenstelle zu den Istgemeinkosten einer Kostenstelle.

Man betrachtet zur Berechnung immer aus Sicht der Normalgemeinkosten zu den Istgemeinkosten:

Sind die ...
Normalgemeinkosten > Istgemeinkosten = Kostenstellenüberdeckungen
Normalgemeinkosten < Istgemeinkosten = Kostenstellenunterdeckungen

Berechnung:

```
    Umsatzergebnis
+   Kostenstellenüberdeckungen
-   Kostenstellenunterdeckungen
=   Betriebsergebnis
```

Lösung zu Aufgabe 25: Maschinenstundensatzrechnung I

1. Ermittlung der Maschinenlaufzeit
   Maschinenlaufzeit in Std.   3.520   (= 11 Monate · 20 Arbeitstage · 16 Stunden)

2. Ermittlung der Höhe der einzelnen Kostenarten

Kostenart	Kosten (in €)
Kalkulatorische Abschreibung	210.000
Kalkulatorische Zinsen	98.000
Stromverbrauch	43.088
Betriebsstoffverbrauch	8.448
Instandhaltung	87.500
Summe	**447.036**

LÖSUNGEN

Erläuterung zur Berechnung:

Kalkulatorische Abschreibung

$$= \frac{\text{Wiederbeschaffungswert - Restwert}}{\text{Nutzungsdauer}}$$

$$= \frac{2.500.000\ € - 400.000\ €}{10\ \text{Jahre}}$$

Kalkulatorische Zinsen

$$= \frac{\text{Anschaffungskosten + Restwert}}{2} \cdot \text{Zinssatz}$$

$$= \frac{2.400.000\ € + 400.000\ €}{2} \cdot 7\ \%$$

Stromverbrauch

= (Anschlusswert • Maschinenlaufzeit • Strompreis je Std.) + Grundpreis
= (70 kWh • 3.520 Std. • 0,17 €) + 1.200 €

Betriebsstoffverbrauch

= Betriebsstoffverbrauch pro Stunde • Maschinenlaufzeit
= 2,40 € • 3.520 Std.

Instandhaltung

= 3,5 % vom Wiederbeschaffungswert
= 3,5 % von 2.500.000 €

3. Ermittlung Maschinenstundensatz

$$\text{Maschinenstundensatz} = \frac{\text{Summe Kosten}}{\text{Laufzeit der Maschinen in Stunden}}$$

$$= \frac{447.036\ €}{3.520\ \text{Std.}} = 127\ €$$

Lösung zu Aufgabe 26: Maschinenstundensatzrechnung II

a)

$$\text{Fertigungsgemeinkostenzuschlagssatz} = \frac{\text{Fertigungsgemeinkosten} \cdot 100}{\text{Fertigungslöhne}}$$

$$= \frac{300.000\ \text{€} \cdot 100}{100.000\ \text{€}} = 300\ \%$$

b) **Vorgehensweise:**

Um den Fertigungsgemeinkostenzuschlagssatz aufzuteilen in einen Maschinenstundensatz und einen Restgemeinkostenzuschlagssatz, sollte man folgende Vorgehensweise befolgen:

1. Ermittlung der maschinenabhängigen Kosten, falls notwendig unterteilt in variable und fixe Kostenbestandteile

2. Ermittlung des Maschinenstundensatzes

$$\text{Maschinenstundensatz} = \frac{\text{maschinenabhängige Kosten}}{\text{Laufzeit der Maschinen in Stunden}}$$

 INFO

Der Maschinenstundensatz kann entweder insgesamt, aber auch aufgeteilt in fixe und variable Kostensätze ermittelt werden

3. Ermittlung der Restgemeinkosten

    Fertigungsgemeinkosten
- maschinenabhängige Kosten
= **Restgemeinkosten**

4. Ermittlung Restgemeinkostenzuschlagssatz

$$\text{Restgemeinkostenzuschlagssatz} = \frac{\text{Restgemeinkosten} \cdot 100}{\text{Fertigungslöhne}}$$

zu 1. und 2.

Ermittlung der maschinenabhängigen Kosten und des Maschinenstundensatzes:

	Kostenart	€
	Kalkulatorische Abschreibung	50.000
+	Kalkulatorische Zinsen	20.000
+	Sonstige fixe kalkulatorische Kosten	40.000
=	**Summe fixe Kosten**	**110.000**
	Maschinenlaufzeit	2.000 Std.
	fixer Stundensatz	55
+	variable Kosten je Std.	20
=	**Maschinenstundensatz**	**75**

zu 3.

Ermittlung Restgemeinkostenzuschlagssatz

	Gemeinkosten	300.000 €
-	maschinenabhängige Kosten	110.000 €
=	**Restgemeinkosten**	**190.000 €**

zu 4.

Ermittlung Restgemeinkostenzuschlagssatz:

$$\text{Restgemeinkostenzuschlagssatz} = \frac{\text{Restgemeinkosten} \cdot 100}{\text{Fertigungslöhne}}$$

$$= \frac{190.000\ € \cdot 100}{100.000\ €} = 190\ \%$$

Lösung zu Aufgabe 27: Grundlagen Kostenträgerrechnung

Aufgaben der Kostenträgerrechnung sind u. a.

1. Ermittlung der Selbstkosten des Umsatzes

2. Ermittlung der Herstellkosten der unfertigen Erzeugnisse im Rahmen des Jahresabschlusses

3. Ermittlung der Verkaufspreise

4. …

LÖSUNGEN

zu 1.
Die Kostenträgerrechnung als 3. Stufe der Vollkostenrechnung unterteilt sich einerseits in die Kostenträgerzeitrechnung und andererseits in die Kostenträgerstückrechnung.

Die Ermittlung der Selbstkosten des Umsatzes ist Teil der Kostenträgerzeitrechnung, wobei die gesamten Kosten, die durch die verkauften Kostenträger entstanden sind, mittels Selbstkostenrechnung berechnet werden. Das nachfolgende Schema zeigt die Berechnung auf:

Selbstkostenrechnung

```
   Fertigungsmaterial
 + Materialgemeinkosten
 = Materialkosten
   Fertigungslöhne
 + Fertigungsgemeinkosten
 = Fertigungskosten
 = Herstellkosten der Erzeugung
 - Mehrbestand (Unfertige u. Fertige Erzeugnisse)
 + Minderbestand (Unfertige u. Fertige Erzeugnisse)
 = Herstellkosten des Umsatzes
 + Verwaltungsgemeinkosten
 + Vertriebsgemeinkosten
 = Selbstkosten des Umsatzes
```

zu 2.
Im Rahmen des Jahresabschlusses müssen im Umlaufvermögen u. a. die Bilanzposten „Unfertige und Fertige Erzeugnisse" bewertet werden.

Gemäß § 253 Abs. 1 HGB werden diese mit den Herstellungskosten bewertet. Diese sind in § 255 Abs. 2 HGB und R 6.3 EStR definiert.

Zur Ermittlung der Herstellungskosten bedient das Unternehmen sich der Kostenträgerstückrechnung.

Hierbei ist es aber wichtig, dass in die Herstellungskosten keine kalkulatorischen Kosten eingerechnet werden dürfen, sondern nur Kosten, die aus der Buchführung abgeleitet sind, z. B. werden keine kalkulatorischen Abschreibungen sondern bilanzielle Abschreibungen eingerechnet.

LÖSUNGEN

zu 3.
Zentrale Aufgabe der Kostenträgerrechnung ist die Kostenträgerstückrechnung in Form der Kalkulation der Verkaufspreise.

Innerhalb der Kostenträgerstückrechnung bedient man sich verschiedener Kalkulationsmethoden, die in Abhängigkeit zum Produktionsverfahren bzw. Leistungszweck gewählt werden. Wir unterscheiden u. a.

- Handelskalkulation
- Industriekalkulation
  - Divisionskalulation
  - Äquivalenzziffernkalkulation
  - Zuschlagskalkulation
  - ...

Die unterschiedlichen Kalkulationsverfahren unterscheiden sich in der Berechnung der Selbstkosten (Selbstkostenkalkulation). Ab den Selbstkosten bis zum Verkaufspreis (Verkaufskalkulation) sind die Kalkulationsmethoden identisch.

Die Kalkulation der Verkaufspreise innerhalb der Vollkostenrechnung dient zur langfristigen Orientierung des Marktes (in Abgrenzung zur Teilkostenrechnung).

Lösung zu Aufgabe 28: Grundlagen Kostenträgerstückrechnung I

Die **Vorkalkulation** wird zur Ermittlung von Angebotspreisen verwendet. Sie wird vor Ausführung eines Auftrages durchgeführt. Da die tatsächlichen Kosten noch nicht bekannt sind, verwendet man hier die Normalkosten bzw. die Normal-Gemeinkostenzuschlagssätze. Sie dient der Planung.

Wenn der Auftrag abgeschlossen ist, ist dem Unternehmen bekannt, zu welchem Preis tatsächlich verkauft wurde und wie hoch das tatsächliche Kostenvolumen ist.

Es werden die Istkosten berechnet. Die **Nachkalkulation** ermittelt mit den Istkosten dann den tatsächlich erwirtschafteten Gewinn. Es wird also eine Kontrolle der Vorkalkulation vorgenommen, um so eine Abweichungsanalyse durchführen zu können.

Die **Zwischenkalkulation** wird bei Aufträgen/Kostenträgern angewendet, die über einen längeren Zeitraum erstellt werden, meist über den Jahreswechsel hinaus. Hauptsächlich sind hier der Schiffbau oder auch das Baugewerbe zu nennen.

Die Zwischenkalkulation wird dann u. a. genutzt, um den tatsächlichen Kostenanfall zu einem bestimmten Zeitpunkt zu ermitteln, so müssen z. B. im Rahmen des Jahresabschlusses bei Unfertigen Leistungen bzw. Unfertigen Erzeugnissen die Herstellungskosten ermittelt werden, da diese aktiviert werden müssen. Hierzu verwendet man dann Istkosten, um das tatsächlich verbrauchte Kostenvolumen zu ermitteln.

Aber auch Normalkosten werden in der Zwischenkalkulation verwendet, da das zukünftige Kostenvolumen für den Kostenträger ermittelt werden muss.

Aus den Istkosten und den zukünftigen prognostizierten Normalkosten lässt sich das Kostenvolumen ableiten, um so eine Planung bzw. Planungskorrekturen vornehmen zu können.

Im Controlling wird die Zwischenkalkulation vor allem für Soll-Ist-Analysen und die daraus resultierenden Abweichungsanalysen eingesetzt.

Lösung zu Aufgabe 29: Grundlagen der Kostenträgerstückrechnung II

Industriekalkulationen werden in Produktionsunternehmen angewendet, so werden unterschieden:

- Divisionskalkulation
- Äquivalenzziffernkalkulation
- Zuschlagskalkulation
- Kuppelkalkulation.

Welche Kalkulationsmethode angewendet wird, ist abhängig von dem im Unternehmen durchgeführten Produktionsverfahren.

Die **Divisionskalkulation** wird in Unternehmen mit Massenfertigung angewendet, z. B. für Streichhölzer, Schrauben.

Die **Äquivalenzziffernkalkulation** kommt in Unternehmen mit Sortenfertigung zur Anwendung, z. B. bei Kerzen, Büchern.

Die **Zuschlagskalkulation** kommt in Unternehmen mit Einzel- bzw. Serienfertigung zum Tragen, z. B. bei der Produktion von unterschiedlichen Büromöbeln.

Die **Kuppelkalkulation** kommt in Unternehmen zum Einsatz, in denen im Produktionsprozess Nebenprodukte („Abfallprodukte") entstehen und diese entweder sofort verkaufsfähig sind bzw. durch Weiterverarbeitung verkaufsfähig werden.

In der Kuppelkalkulation kann sowohl die Restwertmethode als auch die Tragfähigkeitsmethode zum Einsatz kommen.

Bei der **Restwertmethode** wird für die Kuppelprodukte der Gewinn berechnet und dieser von den Kosten des Hauptproduktes abgezogen, sodass das Hauptprodukt nur noch diese (Rest-)Kosten tragen muss.

Bei dem **Tragfähigkeitsprinzip** werden die Kosten auf alle Produkte nach dem entsprechenden Umsatzvolumen verrechnet. Das Produkt mit dem meisten Umsatz trägt am meisten Kosten, egal wie viel das einzelne Produkt tatsächlich an Kosten verursacht hat.

Lösung zu Aufgabe 30: Divisionskalkulation

a)
$$\text{Stückkosten} = \frac{\text{Gesamtkosten*}}{\text{Menge}}$$

$$= \frac{175.000\ €}{20.000\ \text{Stück}} = 8{,}75\ €$$

*Ermittlung Gesamtkosten

Fertigungsmaterial	10.000 €
+ Fertigungslöhne	55.000 €
+ Verbrauch von Hilfsstoffen	20.000 €
+ Abschreibung von Fertigungsmaschinen	30.000 €
+ Gehälter der Verwaltung	45.000 €
+ Gehälter für den Vertriebsbereich	15.000 €
= **Gesamtkosten**	**175.000 €**

b)
$$\text{Stückkosten} = \frac{\text{Herstellkosten*}}{\text{Produktionsmenge}} + \frac{\text{Verwaltungs- und Vertriebskosten*}}{\text{Absatzmenge}}$$

$$= \frac{115.000\ €}{20.000\ \text{Stück}} + \frac{60.000\ €}{30.000\ \text{Stück}} = 7{,}75\ €$$

*Ermittlung Herstellkosten

Fertigungsmaterial	10.000 €
+ Fertigungslöhne	55.000 €
+ Verbrauch von Hilfsstoffen	20.000 €
+ Abschreibung von Fertigungsmaschinen	30.000 €
= **Herstellungskosten**	**115.000 €**

*Ermittlung Verwaltungs- und Vertriebskosten

Gehälter der Verwaltung	45.000 €
+ Gehälter für den Vertriebsbereich	15.000 €
= **Verwaltungs- und Vertriebskosten**	**60.000 €**

INFO

Alternativ zur oben dargestellten Berechnung, kann in der Aufgabenstellung auch formuliert sein, dass die Verwaltungskosten den Herstellkosten zugerechnet werden sollen. Es würde sich folgende Rechnung ergeben:

$$\text{Stückkosten} = \frac{\text{Herstellkosten} + \text{Verwaltungskosten}^*}{\text{Produktionsmenge}} + \frac{\text{Vertriebskosten}^*}{\text{Absatzmenge}}$$

$$= \frac{160.000\ \text{€}}{20.000\ \text{Stück}} + \frac{15.000\ \text{€}}{30.000\ \text{Stück}} = 8{,}50\ \text{€}$$

*Ermittlung Herstellkosten inklusive Verwaltungskosten:

Fertigungsmaterial	10.000 €
+ Fertigungslöhne	55.000 €
+ Verbrauch von Hilfsstoffen	20.000 €
+ Abschreibung von Fertigungsmaschinen	30.000 €
+ Gehälter der Verwaltung	45.000 €
= Herstellungskosten	**160.000 €**

*Ermittlung Vertriebskosten

Gehälter für den Vertriebsbereich	15.000 €
= Vertriebskosten	**15.000 €**

Lösung zu Aufgabe 31: Äquivalenzziffernkalkulation I

Die Äquivalenzziffernkalkulation dient dazu, gegebene Gesamtkosten auf die einzelnen Kostenträger zu verteilen, um so die Kosten je Sorte bzw. die Stückkosten zu ermitteln.

Sind in einer Aufgabenstellung für den Leistungsprozess sowohl Einzel- als auch Gemeinkosten gegeben, ist zu beachten, dass nur die Gemeinkosten mithilfe der Äquivalenzziffernkalkulation verteilt werden müssen.

Die Einzelkosten sind direkt dem Kostenträger zurechenbar und müssen somit nicht verteilt werden.

Im Rahmen der Äquivalenzziffernkalkulation sollte ein bestimmter Algorithmus (Vorgehensweise) eingehalten werden:

1. Ermittlung der Äquivalenzziffern.
2. Multiplikation der Äquivalenzziffern mit der Menge ergibt die „Recheneinheiten".
3. Ermittlung „Summe Recheneinheiten": Diese Summe entspricht den Gesamtkosten.

4. Ermittlung Kosten je Sorte mithilfe des Dreisatzes.
5. Ermittlung Kosten je Stück.

Sorte	ÄZ	Menge (in St.)	Rechen-einheiten	Kosten je Sorte	Kosten je Stück
Mini	1,0	20.000	20.000	10.000 €	0,50 €
Maxi	1,2	15.000	18.000	9.000 €	0,60 €
Large	1,5	10.000	15.000	7.500 €	0,75 €
Extralarge	2,0	5.000	10.000	5.000 €	1,00 €
		Summe:	63.000	31.500 €	

Erläuterung:

Für die Bildung der Äquivalenzziffern ist zu beachten: Einer Sorte ist die Äquivalenzziffer „1" zuzuordnen, die anderen Sorten werden dann hierzu ins Verhältnis gesetzt. Welcher Sorte die „1" zugeordnet wird, ist grundsätzlich frei. Es sollte aber beachtet werden, dass die Sorte so ausgewählt wird, dass die anderen Äquivalenzziffern nicht mehr als drei Stellen nach dem Komma besitzen.

Das Verhältnis zwischen den Sorten ist in diesem Beispiel das Gewicht. Es kann aber z. B. auch die Fertigungszeit als Verhältnis zwischen den Sorten gegeben sein.

Nachdem die Äquivalenzziffern mit den Mengen multipliziert wurden, ergeben sich die Recheneinheiten.

Die Summe der Recheneinheiten, in diesem Beispiel 63.000, entspricht den Gesamtkosten. Die Gesamtkosten werden jetzt mit Hilfe des Dreisatzes im Verhältnis der Recheneinheiten auf die Sorten aufgeteilt., z. B.

$$\text{Kosten der Sorte „Mini"} = \frac{\text{„Gesamtkosten"}}{\text{(„Summe Recheneinheiten")}} \cdot \text{„Recheneinheiten Sorte"}$$

$$= \frac{31.500\ \text{€}}{63.000} \cdot 20.000 = 10.000\ \text{€}$$

Nachdem die Kosten der jeweiligen Sorte berechnet wurden, werden die Kosten je Stück berechnet, indem die Kosten je Sorte dividiert werden durch die Produktionsmenge, z. B.

$$\text{Stückkosten der Sorte „Mini"} = \frac{\text{Kosten der Sorte}}{\text{Produktionsmenge}}$$

$$= \frac{10.000,00\ \text{€}}{20.000\ \text{Stück}} = 0,50\ \text{€}$$

LÖSUNGEN

Lösung zu Aufgabe 32: Äquivalenzziffernkalkulation II

In der Aufgabenstellung sind sowohl Einzelkosten (Materialeinsatz), als auch Gemeinkosten (Kosten des Garprozesses) gegeben.

Die Einzelkosten können den einzelnen Produkten direkt zugerechnet werden, sodass diese nicht mit Hilfe von Äquivalenzziffern verteilt werden müssen.

Die Kosten des Garprozesses in Höhe von 34.500 € werden auf Basis der unterschiedlichen Inanspruchnahme (Fertigungszeit) auf die einzelne Produkte mithilfe von Äquivalenzziffern verteilt.

Produkt	ÄZ	Menge	Rechen-einheiten	Gemeinkosten je Sorte	Gemeinkosten je Stück	Material-einsatz	Selbst-kosten je Stück
Produkt 1	1,00	5.000	5.000	10.000 €	2,00 €	3,50 €	5,50 €
Produkt 2	1,50	3.500	5.250	10.500 €	3,00 €	2,90 €	5,90 €
Produkt 3	0,75	4.000	3.000	6.000 €	1,50 €	2,75 €	4,25 €
Produkt 4	2,00	2.000	4.000	8.000 €	4,00 €	3,15 €	7,15 €
		Summe:	17.250	34.500 €			

Vorgehensweise:

1. Bildung der Äquivalenzziffern, eine andere Zuteilung ist auch möglich, z. B.
   Produkt 1 → 0,5
   Produkt 2 → 0,75
   Produkt 3 → 0,375
   Produkt 4 → 1

2. Multiplikation der Äquivalenzziffern mit der Menge ergibt die Recheneinheiten.

3. Verteilung der Gemeinkosten im Verhältnis der Recheneinheiten je Sorte zu den Recheneinheiten gesamt, z. B.

$$\text{Produkt 1} = \frac{\text{Summe Gemeinkosten}}{\text{Summe Recheneinheiten}} \cdot \text{Recheneinheiten Sorte Produkt 1}$$

$$= \frac{34.500 \text{ €} \cdot 5.000}{17.250} = 10.000 \text{ €}$$

4. Ermittlung Gemeinkosten je Stück, z. B.

$$\text{Produkt 1} = \frac{\text{Gemeinkosten der Sorte}}{\text{Produktionsmenge}}$$

$$= \frac{10.000\ €}{5.000\ \text{Stück}} = 2{,}00\ €$$

5. Zurechnung der Einzelkosten (Materialeinsatz) je Stück.

6. Ermittlung Selbstkosten je Stück, durch Addition von Einzel- und Gemeinkosten.

Lösung zu Aufgabe 33: Äquivalenzziffernkalkulation III

Zur Ermittlung der Selbstkosten je Sorte und Stück müssen die jeweiligen Kostenarten (Materialkosten, Fertigungskosten, Verwaltungs- und Vertriebskosten) jeweils getrennt mit der Äquivalenzziffernverrechnung verteilt werden.

Am Ende werden die Selbstkosten je Sorte und Stück aus der Summe der drei Verrechnungen gebildet.

Verteilung Materialkosten

Sorte	ÄZ	Menge (in St.)	Rechen-einheiten	Kosten je Sorte	Kosten je Stück
SMALL	0,6	100	60	12.000 €	120 €
MIDI	1,0	125	125	25.000 €	200 €
LONG	1,5	80	120	24.000 €	300 €
		Summe:	305	61.000 €	

Vorgehensweise:

1. Vergeben von Äquivalenzziffern: Als Grundlage für die Einteilung der Äquivalenzziffern wird die Länge unterstellt. Es bietet sich an, der Sorte „Midi" die Äquivalenzziffer 1 (100cm) zu geben, „SMALL" 0,6 (60 cm) und „LONG" 1,5 (150 cm).

2. Multiplikation der Äquivalenzziffer mit der Menge, dies ergibt die Recheneinheiten.

3. Die Summe der Recheneinheiten (305) entsprechen den gesamten Materialkosten (61.000 €).

4. Verteilung der Materialkosten auf die Sorten „Kosten je Sorte" mithilfe des Dreisatzes, z. B.

$$\text{SMALL} = \frac{\text{Recheneinheiten der Sorte} \cdot \text{Materialkosten}}{\text{Summe der Recheneinheiten}}$$

$$= \frac{60 \cdot 61.000\ €}{305} = 12.000\ €$$

LÖSUNGEN

5. Ermittlung der Kosten je Stück, indem die „Kosten je Sorte" dividiert werden durch die „Menge", z. B.

$$\text{SMALL} = \frac{\text{Kosten je Sorte}}{\text{Menge}}$$

$$= \frac{12.000\ €}{100} = 120\ €$$

Verteilung Materialkosten

Sorte	ÄZ	Menge (in St.)	Recheneinheiten	Kosten je Sorte	Kosten je Stück
SMALL	0,2	100	20,0	2.500,00 €	25,00 €
MIDI	0,5	125	62,5	7.812,50 €	62,50 €
LONG	1,0	80	80,0	10.000,00 €	125,00 €
		Summe:	162,5	20.312,50 €	

Vorgehensweise:

1. Vergeben von Äquivalenzziffern: Als Grundlage für die Einteilung der Äquivalenzziffern wird die Fertigungszeit unterstellt. Es bietet sich an, der Sorte „LONG" die Äquivalenzziffer 1 (10 min) zu geben, „SMALL" 0,2 (2 min) und „MIDI" 0,5 (5 min).

2. Multiplikation der Äquivalenzziffer mit der Menge, dies ergibt die Recheneinheiten.

3. Die Summe der Recheneinheiten (162,5) entsprechen den gesamten Fertigungskosten (20.312,50 €).

4. Verteilung der Fertigungskosten auf die Sorten „Kosten je Sorte" mithilfe des Dreisatzes, z. B.:

$$\text{SMALL} = \frac{\text{Recheneinheiten der Sorte} \cdot \text{Fertigungskosten}}{\text{Summe der Recheneinheiten}}$$

$$= \frac{20 \cdot 20.312,50\ €}{162,5} = 2.500,00\ €$$

5. Ermittlung der Kosten je Stück, indem die „Kosten je Sorte" dividiert werden durch die „Menge", z. B.:

$$\text{SMALL} = \frac{\text{Kosten je Sorte}}{\text{Menge}}$$

$$= \frac{2.500\ €}{100} = 25\ €$$

Verteilung Verwaltungs- und Vertriebskosten

Sorte	ÄZ	Menge (in St.)	Rechen-einheiten	Kosten je Sorte	Kosten je Stück
SMALL	1,00	100	100,00	1.600,00 €	16,00 €
MIDI	1,25	125	156,25	2.500,00 €	20,00 €
LONG	0,80	80	64,0	1.024,00 €	12,80 €
		Summe:	**320,25**	**5.124,00 €**	

Vorgehensweise:

1. Vergeben von Äquivalenzziffern: Als Grundlage für die Einteilung der Äquivalenzziffern wird die abgesetzte Menge vorgegeben. Es bietet sich an, der Sorte „SMALL" die Äquivalenzziffer 1 (100 Stück) zu vergeben, „MIDI" 1,25 (125 Stück) und „LONG" 0,8 (80 Stück).

2. Multiplikation der Äquivalenzziffer mit der Menge, dies ergibt die Recheneinheiten.

3. Die Summe der Recheneinheiten (320,25) entsprechen den gesamten Verwaltungs- und Vertriebskosten (5.124,00 €)

4. Verteilung der Verwaltungs- und Vertriebskosten auf die Sorten „Kosten je Sorte" mithilfe des Dreisatzes, z. B.:

$$\text{SMALL} = \frac{\text{Recheneinheiten der Sorte} \cdot \text{Verwaltungs- und Vetriebskosten}}{\text{Summe der Recheneinheiten}}$$

$$= \frac{100 \cdot 5.124\ €}{320,25} = 1.600\ €$$

5. Ermittlung der Kosten je Stück, indem die „Kosten je Sorte" dividiert werden durch die „Menge", z. B.:

$$\text{SMALL} = \frac{\text{Kosten je Sorte}}{\text{Menge}}$$

$$= \frac{1.600\ €}{100} = 16\ €$$

Zusammmenfassung

Sorte	Selbstkosten je Sorte	Selbstkosten je Stück
SMALL	16.100,00 €	161,00 €
MIDI	35.312,50 €	282,50 €
LONG	35.024,00 €	437,80 €

Vorgehensweise:

1. Ermittlung Selbstkosten je Sorte: Die Selbstkosten je Sorte ergeben sich, indem die „Kosten je Sorte" für Material, Fertigung und Verwaltung-/Vertrieb jeweils summiert werden, z. B. für „SMALL":

Materialkosten	12.000 €
+ Fertigungskosten	2.500 €
+ Verwaltungs-/Vertriebskosten	1.600 €
= Selbstkosten der Sorte „SMALL"	**16.100 €**

2. Ermittlung Selbstkosten je Stück: Die Selbstkosten je Stück ergeben sich, indem die „Kosten je Stück" für Material, Fertigung und Verwaltung-/Vertrieb jeweils summiert werden, z. B. für „SMALL"

Materialkosten	120 €
+ Fertigungskosten	25 €
+ Verwaltungs-/Vertriebskosten	16 €
= Selbstkosten pro Stück „SMALL"	**161 €**

Lösung zu Aufgabe 34: Zuschlagskalkulation I

Zuschlagskalkulation

%		für 100 Stück €	pro Stück €			
	Fertigungsmaterial	1.500,00	15,00	= 100 %		
+ 19	Materialgemeinkosten	285,00	2,85			
=	**Materialkosten**	**1.785,00**	**17,85**	= 119 %		
	Fertigungslöhne	1.200,00	12,00	= 100 %		
+ 155	Fertigungsgemeinkosten	1.860,00	18,60			
=	**Fertigungskosten**	**3.060,00**	**30,60**	= 255 %		
=	**Herstellkosten**	**4.845,00**	**48,45**			
+ 17	Verwaltungsgemeinkosten	823,65	8,24			
+ 8	Vertriebsgemeinkosten	387,60	3,88			
	Sondereinzelkosten Vertrieb	400,00	4,00			
=	**Selbstkosten**	**6.456,25**	**64,56**	= 100 %		
+ 29	Gewinn	1.872,31	18,72			
=	**Barverkaufspreis**	**8.328,56**	**83,29**	= 129 %	= 82 %	
+ 3	Kundenskonto	304,70	3,05			
+ 15	Vertreterprovision	1.523,52	15,24			
=	**Zielverkaufspreis**	**10.156,78**	**101,57**		= 100 %	= 65 %
+ 35	Kundenrabatt	5.469,04	54,69			
=	**Angebotspreis, netto**	**15.625,82**	**156,26**			= 100 %

TIPP

Bis einschließlich des Barverkaufspreises rechnet man von Hundert, d. h. die Zuschlagsbasis entspricht 100 %. Ab dem Barverkaufspreis abwärts rechnet man im Hundert, d. h. die Ausgangsbasis liegt unter 100 %, das Zielergebnis entspricht 100 %.

Für die Berechnung der Verwaltungs- und Vertriebsgemeinkosten entsprechen die Herstellkosten 100 %.

Lösung zu Aufgabe 35: Zuschlagskalkulation II

Zuschlagskalkulation

	%		€
		Fertigungsmaterial	1.200,00
+	18	Materialgemeinkosten	216,00
=		**Materialkosten**	**1.416,00**
		Fertigungslöhne	**200,00**
+	125	Fertigungsgemeinkosten	**250,00**
=		**Fertigungskosten**	**450,00**
=		**Herstellkosten**	**1.866,00**
+	8	Verwaltungsgemeinkosten	149,28
+	16	Vertriebsgemeinkosten	298,56
		Sondereinzelkosten Vertrieb	50,00
=		**Selbstkosten**	**2.363,84**
+	18,54	Gewinn	438,16
=		**Barverkaufspreis**	**2.802,00**	= 85 %
+	3	Kundenskonto	98,89
+	12	Vertreterprovision	395,58
=		**Zielverkaufspreis**	**3.296,47**	= 84 % = 100 %
+	16	Kundenrabatt	627,90
=		**Angebotspreis, netto**	**3.924,37**	= 100 % = 100 %
+	19	Umsatzsteuer	745,63
=		**Angebotspreis, brutto**	**4.670,00**	= 119 %

Vorgehensweise:

1. Im ersten Schritt wird ausgehend vom Fertigungsmaterial bis zu den Selbstkosten kalkuliert. Die Berechnungsmethode ist vom Hundert, d. h. die Zuschlagsbasis entspricht 100 %.

2. Im zweiten Schritt wird rückwärts kalkuliert, ausgehend vom Angebotspreis brutto. Dieser entspricht 119 %, wir rechnen auf Hundert runter. Ab dem Angebotspreis netto rechnet man vom Hundert bis zum Barverkaufspreis.

3. Im dritten Schritt wird der Gewinn als Differenz zwischen dem Barverkaufspreis und den Selbstkosten ermittelt. Setzt man den Gewinn in Euro ins Verhältnis zu den Selbstkosten erhält man den Gewinnzuschlag in Prozent.

$$\text{Gewinn in \%} = \frac{\text{Gewinn in €} \cdot 100}{\text{Selbstkosten}}$$

$$= \frac{438{,}16 \text{ €} \cdot 100}{2.363{,}84 \text{ €}} = 18{,}54 \text{ \%}$$

Lösung zu Aufgabe 36: Zuschlagskalkulation III
Zuschlagskalkulation

	%		€	
		Fertigungsmaterial	2.603,88	= 100 %
+	40	Materialgemeinkosten	1.041,55	
=		**Materialkosten**	3.645,43	= 140 %
		Fertigungslöhne	100,00	= 100 %
+	278	Fertigungsgemeinkosten	278,00	
=		**Fertigungskosten**	378,00	= 378 %
=		**Herstellkosten**	4.023,43	= 100 %
+	14	Verwaltungsgemeinkosten	563,28	
+	7	Vertriebsgemeinkosten	281,64	
=		**Selbstkosten**	4.868,35	= 100 % / = 121 %
+	15	Gewinn	730,25	
=		**Barverkaufspreis**	5.598,60	= 93 % / = 115 %
+	4	Kundenskonto	240,80	
+	3	Vertreterprovision	180,60	
=		**Zielverkaufspreis**	6.020,00	= 86 % / = 100 %
+	14	Kundenrabatt	980,00	
=		**Angebotspreis, netto**	7.000,00	= 100 %

Vorgehensweise:

Zuerst wird eine klassische Rückwärtskalkulation vom Angebotspreis netto bis zu den Herstellkosten vorgenommen. Hierbei ist zu beachten, ob vom Hundert oder auf Hundert gerechnet wird. Es ist sinnvoll, sich vor Augen zu führen, wie man bei der Vorwärtskalkulation vorgegangen ist.

Im Rahmen der Rückwärtskalkulation entspricht der Angebotspreis netto und der Zielverkaufspreis je 100 %, da die Kunden bzw. der Außendient ihre Prozente von der jeweiligen Basis abziehen.

Der Barverkaufspreis entspricht in dieser Aufgabe bei der Rückwärtskalkulation 115 %. Der Gewinnzuschlag von 15 % wird auf die Selbstkosten aufgeschlagen, daher entsprechen die Selbstkosten 100 % und der Barverkaufspreis 115 %.

Die Verwaltungs- und Vertriebsgemeinkosten werden jeweils auf die Herstellkosten aufgeschlagen, sodass diese 100 % entsprechen, die Selbstkosten entsprechen daher bei der Rückwärtskalkulation 121 %.

Sind die Herstellkosten ermittelt, werden in einem nächsten Schritt die Fertigungskosten ermittelt.

Man nimmt die 100 € Fertigungslöhne und schlägt 278 % Fertigungsgemeinkosten auf – Berechnungsweise vom Hundert. Die ermittelten 378 € Fertigungskosten subtrahiert man von den Herstellkosten, die Differenz ist der Betrag, der für die gesamten Materialkosten zur Verfügung steht.

Laut Aufgabe beträgt der Materialgemeinkostenzuschlagssatz 40 %, sodass die Materialkosten 140 % entsprechen. Man rechnet die Materialkosten „auf Hundert" Prozent herunter und erhält den Wert, der maximal für Fertigungsmaterial zur Verfügung steht.

Lösung zu Aufgabe 37: Zuschlagskalkulation IV

Zuschlagskalkulation

	%		€	
		Fertigungsmaterial	130,00	
+	13	Materialgemeinkosten	16,90	
=		**Materialkosten**	**146,90**	
		Fertigungslöhne (Gestelle)	15,00	
+	110	Fertigungsgemeinkosten	16,50	
=		**Fertigungskosten (Gestelle)**	**31,50**	
		Fertigungslöhne (Glas)	5,00	
+	50	Fertigungsgemeinkosten	2,50	vom Hundert
=		**Fertigungskosten (Glas)**	**7,50**	
		Fertigungslöhne (Endmontage)	10,00	
+	40	Fertigungsgemeinkosten	4,00	
=		**Fertigungskosten (Endmontage)**	**14,00**	
		Fertigungskosten, gesamt	**53,00**	
=		**Herstellkosten**	**199,90**	
+	15	Verwaltungsgemeinkosten	29,99	
+	7	Vertriebsgemeinkosten	13,99	
		Sondereinzelkosten Vertrieb	10,00	
=		**Selbstkosten**	**253,88**	
+	25	Gewinn	63,47	
=		**Barverkaufspreis**	**317,35**	
+	3	Kundenskonto	9,81	im Hundert
=		**Zielverkaufspreis**	**327,16**	
+	20	Kundenrabatt	81,79	
=		**Angebotspreis, netto**	**408,95**	
+	19	Umsatzsteuer	77,70	vom Hundert
=		**Angebotspreis, brutto**	**486,65**	

Erläuterung:

Fertigungsmaterial

Glas (3 m² · 25 €)	75 €
Gestelle (11 laufende Meter · 5 €)	55 €
	130 €

Fertigungslöhne

Gestelle (30 € · 30 min/60 min)	**15 €**
Glas (30 € · 10 min/60 min)	**5 €**
Endmontage (30 € · 20 min/60 min)	**10 €**

Lösung zu Aufgabe 38: Zuschlagskalkulation V

Zuschlagskalkulation

	%		€	
=		Materialkosten	150,00	
=		Fertigungskosten	105,00	
=		Herstellkosten	255,00	
+	15	Verwaltungsgemeinkosten	38,25	
		Sondereinzelkosten Vertrieb	5,00	
=		Selbstkosten	298,25	a)
+	33,41	Gewinn	99,66	b)
=		Barverkaufspreis	397,91	
+	3	Kundenskonto	14,04	
+	12	Vertreterprovision	56,18	
=		Zielverkaufspreis	468,13	
+	7	Kundenrabatt	35,24	
=		Angebotspreis, netto	503,36	
+	19	Umsatzsteuer	95,64	
=		Angebotspreis, brutto	599,00	

Erläuterung:

a) Die Materialkosten und die Fertigungskosten sind jeweils gegeben. Diese werden summiert zu den Herstellkosten.

Die Verwaltungsgemeinkosten werden in Höhe von 15 % auf die Herstellkosten aufgeschlagen. Die Herstellkosten entsprechen hierbei 100 % (= vom Hundert).

Die Verpackungskosten i. H. von 5 € werden als Sondereinzelkosten des Vertriebs aufgeschlagen, sodass sich die Selbstkosten ergeben.

b) Um den Gewinn in Euro und Prozent zu ermitteln, muss zunächst vom Bruttoverkaufspreis rückwärts zum Barverkaufspreis kalkuliert werden.

Hierbei ist zu beachten, dass zuerst „auf Hundert" (vom Angebotspreis brutto zum Angebotspreis netto) und dann „von Hundert" (vom Angebotspreis netto bis zum Barverkaufspreis) kalkuliert wird.

Die Differenz zwischen dem Barverkaufspreis und den Selbstkosten ergibt den Gewinn in Euro. Um den Gewinn in Prozent zu ermitteln, wird der Gewinn ins Verhältnis zu den Selbstkosten gesetzt.

$$\text{Gewinn in \%} = \frac{\text{Gewinn in €} \cdot 100}{\text{Selbstkosten}}$$

$$= \frac{99{,}66\,€ \cdot 100}{298{,}25\,€}$$

Lösung zu Aufgabe 39: Zuschlagskalkulation VI

Zur Ermittlung des Angebotspreises für einen bzw. für zwanzig Einbauschränke sollten zuerst die Grunddaten, die nicht eindeutig für einen Einbauschrank gegeben sind, aus der Ausgangssituation berechnet werden. Dies könnte folgendermaßen aussehen:

Im nächsten Schritt wird mithilfe eines ordnungsgemäßen Kalkulationsschemas der Angebotspreis für einen bzw. für zwanzig Einbauschränke ermittelt:

Ermittlung Grunddaten für einen Einbauschrank:

Material:
Material Regal	150 €
Material Türen	100 €
Fertigungsmaterial, gesamt	250 €

Kostenstelle Zuschnitt
Zeit Zuschnitt pro Einbauschrank (45 min für 5 Einbauschränke gegeben)	9 min
Maschinenstundensatz	120 €

Kostenstelle „Montage I"
Zeit pro Einbauschrank	10 min
Maschinenstundensatz	50 €

Kostenstelle „Montage I" Schleifen, Lackieren
Zeit pro Einbauschrank	30 min
Maschinenstundensatz	30 €

Im nächsten Schritt wird mithilfe eines ordungsgemäßen Kalkulationsschemas der Angebotspreis für einen bzw. für zwanzig Einbauschränke ermittelt:

Zuschlagskalkulation

	%		1 Einbauschrank	20 Einbauschränke	
		Fertigungsmaterial	250,00 €	5.000,00 €	
+	15	Materialgemeinkosten	37,50 €	750,00 €	
=		**Materialkosten**	**287,50 €**	**5.750,00 €**	
		Maschinenkosten Zuschnitt	18,00 €	360,00 €	
+		**Maschinenkosten Montage I**	**8,33 €**	**166,60 €**	
		Fertigungslöhne Montage II	15,00 €	300,00 €	
+	95	Fertigungsgemeinkosten	14,25 €	285,00 €	
=		**Fertigungskosten Montage II**	**29,25 €**	**585,00 €**	
+		**Montage III, Pauschalpreis**	**100,00 €**	**2.000,00 €**	
		Herstellkosten	**443,08 €**	**8.861,60 €**	
+	17	Verwaltungsgemeinkosten	75,32 €	1.506,40 €	
+	11	Vertriebsgemeinkosten	48,74 €	974,80 €	
=		**Selbstkosten**	**567,14 €**	**11.342,80 €**	
=	20	Gewinn	113,43 €	2.268,60 €	
+		**Barverkaufspreis**	**680,57 €**	**13.611,40 €**	= 80 %
=	20	Kundenrabatt	170,14 €	3.402,80 €	
+		**Angebotspreis, netto**	**850,71 €**	**17.014,20 €**	= 100 %

Erläuterung (für einen Einbauschrank):

Die Materialkosten ergeben sich, indem auf das Fertigungsmaterial in Höhe von 250 € die Materialgemeinkosten in Höhe von 15 % aufgeschlagen werden.

Die Maschinenkosten „Zuschnitt" ergeben sich, indem der Maschinenstundensatz, der für 60 min gilt, auf 9 min berechnet wird.

$$\text{Maschinenkosten „Zuschnitt"} = \frac{9 \text{ min} \cdot 120 \text{ €}}{60 \text{ min}}$$

Die Maschinenkosten „Montage I" ergeben sich, indem der Maschinenstundensatz i. H. von 50 € auf 10 min berechnet wird.

$$\text{Maschinenkosten „Montage I"} = \frac{10 \text{ min} \cdot 50 \text{ €}}{60 \text{ min}}$$

LÖSUNGEN

Die Fertigungskosten „Montage II" ergeben sich, indem der Fertigungslohn berechnet wird

$$\text{Fertigungslohn} = \frac{30 \text{ min} \cdot 30 \text{ €}}{60 \text{ min}}$$

und auf diesen dann der Zuschlagssatz in Höhe von 95 % angewendet wird.

Die Kosten „Montage III" sind ein Pauschalpreis und werden aus der Ausgangssituation übernommen.

Die Herstellkosten ergeben sich aus der Summe Materialkosten, Maschinenkosten „Zuschnitt", Maschinenkosten „Montage I", den Fertigungskosten „Montage II" und den Kosten „Montage III".

Auf die Herstellkosten werden die Verwaltungs- bzw. Vertriebsgemeinkosten aufgeschlagen. Hierbei entsprechen die Herstellkosten 100 % (von Hundert).

Der Gewinn wird auf die Selbstkosten aufgeschlagen, wobei die Selbstkosten wieder 100 % entsprechen.

Der Rabatt wird in diesem Beispiel auf den Barverkaufspreis aufgeschlagen (da kein Skonto und keine Vertreterprovision gegeben sind). Die Berechnungsmethode ist im Hundert, d. h. der Barverkaufspreis entspricht 80 %. Der Rabatt errechnet sich also

$$\text{Rabatt} = \frac{\text{Barverkaufspreis} \cdot 20}{80}$$

$$= \frac{680{,}58 \text{ €} \cdot 20}{80}$$

Lösung zu Aufgabe 40: Handelskalkulation I

Handelskalkulation

a)

		%	€			
	Listeneinkaufs- oder Angebotspreis		600,00	= 100 %		
-	Liefererrabatt	35	210,00			
=	Zieleinkaufs- oder Rechnungspreis		390,00	= 65 %	= 100 %	
-	Liefererskonto	3	11,70			
=	Bareinkaufspreis		378,30		= 97 %	
+	Bezugskosten		15,00			
=	Bezugs- oder Einstandspreis		393,30	= 100 %		
+	Geschäfts- oder Handlungskosten	50	196,65			
=	Selbstkostenpreis oder Selbstkosten		589,95	= 150 %	= 100 %	
+	Gewinn	35	206,48			
=	Barverkaufspreis		796,43		= 135 %	= 90 %
+	Kundenskonto	2	17,70			
+	Vertreterprovision	8	70,79			
=	Zielverkaufs- oder Rechnungspreis		884,93		= 100 %	= 85 %
+	Kundenrabatt	15	156,16			
=	Listenverkaufs- oder Angebotspreis netto		1.041,09	= 100 %		= 100 %
+	Umsatzsteuer	19	197,81			
=	**Bruttoverkaufspreis**		**1.238,90**	= 119 %		

Erläuterung:

Vom Listeneinkaufspreis bis einschließlich zum Barverkaufspreis wird „vom Hundert" kalkuliert, d. h. die Ausgangsbasis entspricht 100 %.

Ab dem Barverkaufspreis bis einschließlich Listenverkaufspreis netto wird „im Hundert" kalkuliert, d. h. die Ausgangsbasis ist unter Hundert und es wird „auf Hundert" Prozent „hoch" kalkuliert.

Ein häufiger Fehler wird bei der Berechnung des Kundenskontos und der Vertreterprovision gemacht. Hierbei ist zu beachten, dass die Ausgangsbasis (der Barverkaufspreis) in beiden Berechnungsfällen gleich hoch ist, in diesem Beispiel 90 %.

Für die Berechnung der Umsatzsteuer wird wieder „vom Hundert" gerechnet. Der Listenverkaufspreis netto entspricht 100 %.

b)

$$\text{Handelsspanne} = \frac{(\text{Nettoverkaufspreis} - \text{Bezugspreis}) \cdot 100}{\text{Nettoverkaufspreis}}$$

$$= \frac{(1.041{,}09\ € - 393{,}30\ €) \cdot 100}{1.041{,}09\ €} = 62{,}22\ \%$$

$$\text{Kalkulationszuschlag} = \frac{(\text{Bruttoverkaufspreis} - \text{Bezugspreis}) \cdot 100}{\text{Bezugspreis}}$$

$$= \frac{(1.238{,}90\ € - 393{,}30\ €) \cdot 100}{393{,}30\ €} = 215\ \%$$

$$\text{Kalkulationsfaktor} = \frac{\text{Bruttoverkaufspreis}}{\text{Bezugspreis}}$$

$$= \frac{1.238{,}90\ €}{393{,}30\ €} = 3{,}15$$

Lösung zu Aufgabe 41: Handelskalkulation II
Handelskalkulation

		%	€				
	Listeneinkaufs- oder Angebotspreis		803,90	= 100 %			
+	Lieferrabatt	30	241,17				
=	Zieleinkaufs- oder Rechnungspreis		562,73	= 70 %	= 100 %		
+	Liefererskonto	4	22,51				
=	Bareinkaufspreis		540,22		= 96 %		
-	Bezugskosten		5,00				
=	Bezugs- oder Einstandspreis		545,22	= 100 %			
-	Geschäfts- oder Handlungskosten	25	136,30				
=	Selbstkostenpreis oder Selbstkosten		681,52	= 125 %	= 100 %		
-	Gewinn	35	238,53				
=	Barverkaufspreis		920,06		= 135 %	= 88 %	
-	Kundenskonto	3	31,37				
-	Vertreterprovision	9	94,10				
=	Zielverkaufs- oder Rechnungspreis		1.045,52			= 100 %	= 83 %
-	Kundenrabatt	17	214,14				
=	Listenverkaufs- oder Angebotspreis netto		1.259,66	= 100 %			= 100 %
-	Umsatzsteuer	19	239,34				
=	**Bruttoverkaufspreis**		**1.499,00**	= 119 %			

Erläuterung:

Ausgangspunkt bei der Rückwärtskalkulation ist der Bruttoverkaufspreis. Von diesem ausgehend wird „auf Hundert" kalkuliert.

LÖSUNGEN

Vom Listenverkaufspreis netto bis einschließlich Barverkaufspreis wird bei der Rückwärtskalkulation „von Hundert" kalkuliert. Ab dem Barverkaufspreis bis einschließlich Bezugspreis wird „auf Hundert" kalkuliert.

Die Bezugskosten werden als Eurobetrag aufgeschlagen und ab dem Bareinkaufspreis wird „im Hundert" kalkuliert. Wichtig hierbei ist, dass bei der Rückwärtskalkulation addiert werden muss, da bei der Vorkalkulation der Lieferantenrabatt und Lieferantenskonto subtrahiert wurde.

Man sollte sich bei der Rückwärtskalkulation immer vorstellen, wie bei der Vorwärtskalkulation vorgegangen wurde, und dies dann anwenden.

Folgende Grundregeln gelten:

...wenn bei der Vorwärtskalkulation	...wird bei der Rückwärtskalkulation
▸ von Hundert	auf Hundert
▸ im Hundert	von Hundert

gerechnet.

Lösung zu Aufgabe 42: Handelskalkulation III
Handelskalkulation

		%	€			
=	Bezugs- oder Einstandspreis		336,13	= 100 %		
+	Geschäfts- oder Handlungskosten	80	268,90			
=	Selbstkostenpreis oder Selbstkosten		605,04	= 180 %		
+	**Gewinn**	**21,25**	**128,57**			
=	Barverkaufspreis		733,61		= 97 %	
-	Kundenskonto	3	22,69			
=	Zielverkaufs- oder Rechnungspreis		756,29		= 100 %	= 90 %
-	Kundenrabatt	10	84,03			
=	Listenverkaufs- oder Angebotspreis netto		840,33	= 100 %		= 100 %
-	Umsatzsteuer	19	159,66			
=	**Bruttoverkaufspreis**		**999,99**	= 119 %		

Erläuterung:

Um den Gewinn in Euro und Prozent zu ermitteln, wird eine Differenzkalkulation angewendet. Grundsätzlich werden in einem ersten Schritt die Selbstkosten ermittelt.

Danach wird in einer Rückwärtskalkulation der Barverkaufspreis ermittelt.

Im dritten Schritt wird als Differenz zwischen Barverkaufspreis und Selbstkosten der Gewinn ermittelt.

Mit den gegebenen Daten im vorliegenden Fall, ist folgendermaßen vorzugehen:

1. Vom Bruttoverkaufspreis wird „auf Hundert" der Listenverkaufspreis netto berechnet.
2. Der Listenverkaufspreis netto abzüglich Handelsspanne ergibt den Bezugspreis.
3. Auf den Bezugspreis werden „von Hundert" die Handlungskosten aufgeschlagen, so ergeben sich die Selbstkosten.
4. Vom Listenverkaufspreis netto wird der Rabatt „von Hundert" berechnet, es ergibt sich der Zielverkaufspreis.
5. Vom Zielverkaufspreis wird „von Hundert" der Skonto berechnet, es ergibt sich der Barverkaufspreis.
6. Die Differenz zwischen Barverkaufspreis und Selbstkosten ergibt den Gewinn in Euro.
7. Der Gewinn in Euro wird ins Verhältnis gesetzt zu den Selbstkosten, es ergibt sich der Gewinn in Prozent.

 TIPP

Schreiben Sie zuerst das gesamte Kalkulationsschema auf und tragen Sie die gegebenen Werte ein, fangen Sie dann erst mit den Berechnungen an!

LÖSUNGEN

Lösung zu Aufgabe 43: Handelskalkulation IV, Angebotsvergleich

Angebotsvergleich

	Lieferant A %	Lieferant A €	Lieferant B %	Lieferant B €
Listeneinkaufs- oder Angebotspreis		1.392,00		1.350,00
- Lieferrabatt	28	389,76	20,00	270,00
= Zieleinkaufs- oder Rechnungspreis		1.002,24		1.080,00
- Liefererskonto	4	40,09	3,00	32,40
= Bareinkaufspreis		962,15		1.047,60
+ Bezugskosten Fracht Rollgeld		114,00 45,30		42,80
= Bezugs- oder Einstandspreis (für 300 St.)		1.121,45		1.090,40
= Bezugs- oder Einstandspreis pro Stück		3,74		3,63

Erläuterung:

Das Unternehmen benötigt 300 Schreibtischunterlagen. Der Listeneinkaufspreis von Lieferant A ergibt sich aus 12 Kartons mal 116 € und von Lieferant B aus 15 Kartons mal 90 €.

Lieferantenrabatt und Lieferantenskonto werden jeweils „von Hundert" kalkuliert.

Die Bezugskosten ergeben sich aus Fracht und Rollgeld.

Die ermittelten Gesamt-Bezugspreise werden durch 300 Schreibtischunterlagen dividiert und es ergeben sich die Bezugspreise pro Schreibtischunterlage.

Lösung zu Aufgabe 44: Handelskalkulation V

a) Zuerst wird der Zieleinkaufspreis für das Komplettsystem ermittelt. Dieser wird in das Kalkulationsschema übertragen und eine Vorwärtskalkulation durchgeführt. Es sollte zuerst die Kalkulation für 20 PC-Systeme durchgeführt und dann die einzelnen Werte durch 20 dividiert werden.

Alternativ kann sofort für das einzelne PC-System kalkuliert werden. Hierbei ist zu beachten, dass die Bezugskosten aufgeteilt werden müssen.

Hinweis: Die Bezugskosten sind brutto (= 119 % gegeben). In der Kalkulation müssen diese netto (= 100 %) angesetzt werden.

LÖSUNGEN

	PC-Tower		17" Monitor		Drucker		
Listeneinkaufspreis	100 %	234,00 €	100 %	99,00 €	100 %	54,00 €	pro Stück
Liefererrabatt	15 %	35,10 €	25 %	24,75 €	5 %	2,70 €	pro Stück
Zieleinkaufspreis	85 %	198,90 €	75 %	74,25 €	95 %	51,30 €	pro Stück
Zieleinkaufspreis		**3.978,00 €**		**1.485,00 €**		**1.026,00 €**	**für 20 Komplettsysteme**

Summe Zieleinkaufspreis netto für 20 Komplettsysteme   **6.489,00 €**

		%	20 Stück €	1 Stück €			
	Zieleinkaufs- oder Rechnungspreis		6.489,00	324,45	= 100 %		
−	Liefererskonto	3	194,67	9,73			
=	Bareinkaufspreis		6.294,33	314,72	= 97 %		
+	Bezugskosten		50,00	2,50			
=	Bezugs- oder Einstandspreis		6.344,33	317,22	= 100 %		
+	Geschäfts- oder Handlungskosten	70	4.441,03	222,05			
=	Selbstkostenpreis oder Selbstkosten		10.785,36	539,27	= 170 %	= 100 %	
+	Gewinn	25	2.696,34	134,82			
=	Barverkaufspreis		13.481,70	674,09		= 125 %	= 98 %
+	Kundenskonto	2	275,14	13,76			
=	Zielverkaufs- oder Rechnungspreis		13.756,84	687,84	= 70 %		= 100 %
+	Kundenrabatt	30	5.895,79	294,79			
=	Listenverkaufs- oder Angebotspreis		19.652,63	982,63	= 100 %	= 100 %	
+	Umsatzsteuer	19	3.734,00	186,70			
=	**Bruttoverkaufspreis**		**23.386,62**	**1.169,33**	= 119 %		

b) In einem ersten Schritt wird der neue Zieleinkaufspreis je Komplettsystem berechnet.

Danach wird eine Differenzkalkulation durchgeführt. Hierbei wird vom Zieleinkaufspreis zuerst vorwärts bis zu den Selbstkosten kalkuliert. Danach wird vom Bruttoverkaufspreis rückwärts zum Barverkaufspreis kalkuliert.

Die Differenz zwischen Selbstkosten und Barverkaufspreis ergibt den Gewinn in Euro. Der Gewinn wird ins Verhältnis gesetzt zu den Selbstkosten, es ergibt sich der Gewinn in Prozent.

$$\text{Gewinn in \%} = \frac{\text{Gewinn in €} \cdot 100}{\text{Selbstkosten}}$$

LÖSUNGEN

		PC-Tower		17" Monitor		Drucker	
Listeneinkaufspreis	100 %	234,00 €	100 %	99,00 €	100 %	54,00 €	pro Stück
Liefererrabatt	20 %	46,80 €	30 %	29,70 €	15 %	8,10 €	pro Stück
Zieleinkaufspreis	80 %	187,20 €	70 %	69,30 €	85 %	45,90 €	pro Stück
Zieleinkaufspreis		**3.744,00 €**		**1.386,00 €**		**918,00 €**	**für 20 Komplettsysteme**

Summe Zieleinkaufspreis netto für 20 Komplettsysteme   **6.048,00 €**

		%	20 Stück €	1 Stück €			
	Zieleinkaufs- oder Rechnungspreis		6.048,00	302,40	= 100 %		
-	Liefererskonto	3	181,44	9,07			
=	Bareinkaufspreis		5.866,56	293,33	= 97 %		
+	Bezugskosten		50,00	2,50			
=	Bezugs- oder Einstandspreis		5.916,56	295,83	= 100 %		
+	Geschäfts- oder Handlungskosten	70	4.141,59	207,08			
=	Selbstkostenpreis oder Selbstkosten		10.058,15	502,91	= 170 %		
+	**Gewinn**	20,42	2.036,20	101,81			
=	Barverkaufspreis		12.094,35	604,72			= 98 %
+	Kundenskonto	2	246,82	12,34			
=	Zielverkaufs- oder Rechnungspreis		12.341,18	617,06	= 70 %		= 100 %
+	Kundenrabatt	30	5.289,08	264,45			
=	Listenverkaufs- oder Angebotspreis		17.630,25	881,51	= 100 %	= 100 %	
+	Umsatzsteuer	19	3.349,75	167,49			
=	**Bruttoverkaufspreis**		**20.980,00**	**1.049,00**	= 119 %		

Lösung zu Aufgabe 45: Handelskalkulation VI

		%	€	
	Listeneinkaufspreis, netto		732,95	= 100 %
+	Liefererrabatt	35	256,53	
	Zieleinkaufs- oder Rechnungspreis		476,42	= 100 % = 65 %
+	Liefererskonto	4	19,06	
=	Bareinkaufspreis		457,36	= 96 %
-	Bezugskosten		15,00	
=	Bezugs- oder Einstandspreis		472,36	
-	Geschäfts- oder Handlungskosten	Kalkulations-zuschlag	826,64	
	Selbstkostenpreis oder Selbstkosten			
	Gewinn			
	Barverkaufspreis Kundenskonto			
	Zielverkaufs- oder Rechnungspreis			
	Kundenrabatt			
	Listenverkaufs- oder Angebotspreis			
	Umsatzsteuer			
=	**Bruttoverkaufspreis**		**1.299,00**	

Vorgehensweise:

1. Gegeben ist der Listenverkaufspreis brutto. Es muss der Kalkulationsfaktor rückwärts angewendet werden. Grundsätzlich ist der Kalkulationsfaktor dazu bestimmt, in einem Schritt vom Bezugspreis zum Bruttoverkaufspreis zu kommen. In diesem Beispiel wird der Bruttoverkaufspreis durch den Kalkulationsfaktor dividiert und man erhält den Bezugspreis.

2. Die Bezugskosten werden vom Bezugspreis subtrahiert, da sie in der Vorwärtskalkulation addiert werden müssen. So erhält man den Bareinkaufspreis.

3. Der Lieferantenskonto muss hinzugerechnet werden. In der Vorwärtskalkulation würde der Lieferantenskonto vom Zieleinkaufspreis subtrahiert und es würde sich der Bareinkaufspreis ergeben. In der Rückwärtskalkulation ist der Bareinkaufspreis gegeben, also muss der Lieferantenskonto hinzugerechnet werden. Hierbei ist zu beachten, dass der Bareinkaufspreis 96 % beträgt.

4. Zum Zieleinkaufspreis muss noch der Lieferantenrabatt hinzugerechnet werden. In der Vorwärtskalkulation wird der Lieferantenrabatt vom Listeneinkaufspreis netto subtrahiert. Dieser entspricht also 100 %. In der Rückwärtskalkulation ist der Zieleinkaufspreis gegeben, dieser entspricht bei 35 % Lieferantenrabatt 65 %.

TIPP

Zur einfacheren Berechnung in der Rückwärtskalkulation, stellen Sie sich immer die Frage, wie würde der Schritt aus Sicht der Vorwärtskalkulation vorgenommen, um die entsprechende 100 % Basis zu finden.

Lösung zu Aufgabe 46: Grenzen der Vollkostenrechnung

Die Vollkostenrechnung wurde in den 1920er Jahren entwickelt. Zu dieser Zeit gab es Nachfrageüberschüsse, sodass die Unternehmen relativ gesicherte Absatzmärkte und eine konstante Produktion bzw. Kapazitätsauslastung hatten.

Die Grundidee der Vollkostenrechnung ist es, das die Gesamtkosten auf die Kostenträger verteilt werden, und zwar bei einem relativ konstanten Beschäftigungs- bzw. Auslastungsgrad.

Die ermittelten Zuschlagssätze spiegeln dies wider. Ist die geplante Beschäftigung und die Ist-Beschäftigung identisch, so ist die Vollkostenrechnung genau.

Sobald allerdings die geplante und die Ist-Beschäftigung weit auseinanderfallen, werden zu viele bzw. zu wenige Gemeinkosten verrechnet, sodass das Unternehmen entweder zu wenig Kosten verrechnet, wenn die Ist-Beschäftigung < Planbeschäftigung, bzw. zu viele Kosten verrechnet, wenn die Ist-Beschäftigung > Planbeschäftigung.

Weil viele Unternehmen die Auslastung ihrer Maschinen und Anlagen nicht genau vorhersagen können, können sie die Vollkostenrechnung nicht mehr anwenden, da sie zu ungenauen Ergebnissen führt.

Lösung zu Aufgabe 47: Anwendungsgebiete der Teilkostenrechnung

Die Teilkostenrechnung wurde Anfang der 1950er Jahre entwickelt. Sie nimmt eine Aufteilung der Kosten in fixe und variable Bestandteile vor. Anwendungsgebiete sind u. a.

1. Ermittlung der langfristigen und kurzfristigen Preisuntergrenze
2. Gestaltung des optimalen Produktionsprogrammes
3. Entscheidung über Eigenfertigung oder Fremdbezug

zu 1.
Falls ein Kunde einen Zusatzauftrag anfragt, möchte er diesen gerne zu besonders günstigen Konditionen erhalten. Hierbei stellt sich oft die Frage, wie weit der Preis gesenkt werden kann.

Durch die Teilkostenrechnung kann die kurzfristige Preisuntergrenze ermittelt werden. Diese liegt auf Höhe der variablen Stückkosten. Der Preis muss mindestens einen Deckungsbeitrag von 0 € erwirtschaften, damit sich das Betriebsergebnis nicht verschlechtert.

Die langfristige Preisuntergrenze liegt auf Höhe der Gesamtkosten. Durch den Verkauf der Erzeugnisse müssen mindestens die Gesamtkosten gedeckt werden, damit das Unternehmen keinen Verlust erwirtschaftet.

$$\text{langfristige Preisuntergrenze} = \frac{\text{Gesamtkosten}}{\text{Absatzmenge}}$$

zu 2.
In Unternehmen kann es durch defekte Maschinen, krankheitsbedingten Personalausfall etc. dazu kommen, dass nicht alle Kundenaufträge termingerecht abgearbeitet werden können.

Bei einem solchen betrieblichen Engpass möchte das Unternehmen das bestmögliche Betriebsergebnis erwirtschaften.

Hierzu wird eine Rangfolge der zu produzierenden Produkte mittels des relativen Deckungsbeitrages vorgenommen, um so das optimale Produktionsprogramm zur Erwirtschaftung des bestmöglichen Betriebsergebnisses in der betrieblichen Situation zu erreichen.

zu 3.
Soll ein Unternehmen Produkte fremd beziehen oder selber produzieren. Diese Frage kann aus vielen Blickwinkeln beantwortet werden.

Eine Möglichkeit ist es, die Entscheidung aus Sicht der Kosten zu treffen. Die Teilkostenrechnung gibt hierbei die notwendigen Informationen. Es ist hierbei zu unterscheiden, ob das Unternehmen über freie Kapazitäten verfügt oder ob bei Eigenfertigung eigene Produkte eingestellt werden müssen. Es werden hierbei die Kosten bei Eigenfertigung und Fremdbezug gegenübergestellt.

Lösung zu Aufgabe 48: Grundlagen Teilkostenrechnung

a) Werden für zwei Zeiträume die jeweiligen Gesamtkosten und die Beschäftigung gegeben und wird ein linearer Kostenverlauf unterstellt, gilt Folgendes:

Die Veränderung der Gesamtkosten ist ausschließlich auf die variablen Kosten zurückzuführen, da die fixen Gesamtkosten unabhängig vom Beschäftigungsgrad entstehen. Das bedeutet, dass die veränderten Kosten die variablen Gesamtkosten der veränderten Menge sind.

Aus dieser Erkenntnis, wird das Differenz-Quotienten-Verfahren zur Ermittlung der variablen Kosten angewendet.

$$\text{variable Stückkosten} = \frac{\text{Kostendifferenz}}{\text{Mengendifferenz}}$$

$$= \frac{3.250.000\ €}{50.000\ \text{Stück}} = 65,00\ €$$

	Gesamtkosten	Beschäftigungsgrad	Menge in Stück
August	3.578.750 €	35 %	43.750
September	6.828.750 €	75 %	93.750
Differenz	3.250.000 €		50.000

variable Stückkosten   **65,00 €**

Nachdem die variablen Stückkosten berechnet wurden, können nun die fixen Gesamtkosten berechnet werden. Hierzu ermittelt man die variablen Gesamtkosten und subtrahiert diese von den Gesamtkosten, der Restbetrag ergibt die fixen Gesamtkosten.

Diese Vorgehensweise kann in beiden Monaten durchgeführt werden, da die fixen Kosten in beiden Monaten identisch sein müssen.

	August	September
Gesamtkosten	3.578.750 €	6.828.750 €
- variable Gesamtkosten	2.843.750 €	6.093.750 €
(variable Stückkosten • Menge)		
= fixe Gesamtkosten	**735.000 €**	**735.000 €**

b)

	August	September
Verkaufspreis	75 €	75 €
- variable Stückkosten	65 €	65 €
= Stückdeckungsbeitrag (dB)	10 €	10 €
• Menge (in Stück)	43.750	93.750
= Gesamtdeckungsbeitrag (DB)	437.500 €	937.500 €
- fixe Gesamtkosten	735.000 €	735.000 €
= Betriebsergebnis	**- 297.500 €**	**202.500 €**

c) **Ermittlung Gewinnschwellenmenge (Break-even-Point)**

Grundsatz:

Der Break-even-Point (Gewinnschwellenmenge) gibt die Menge an, bei der die Kosten und Erlöse im Unternehmen gleich hoch sind. Das Betriebsergebnis ist bei dieser Menge gleich 0 €.

Im Rahmen der Teilkostenrechnung wird der Break-even-Point als Quotient zwischen den fixen Gesamtkosten und dem Stückdeckungsbeitrag berechnet.

Alternativ kann die Gewinnschwellenmenge auch berechnet werden, indem die Kosten- und Erlösfunktion gleichgesetzt werden.

$$\text{Break-even-Point} = \frac{\text{fixe Gesamtkosten}}{\text{Stückdeckungsbeitrag}}$$

$$= \frac{735.000\ €}{10\ €} = 73.500\ \text{Stück}$$

Alternativ:

$K(x) = E(x)$
$K(x) = 735.000 + 65x \qquad\qquad E(x) = 75x$
$735.000 + 65x = 75x \quad | -65x$
$735.000 = 10x \quad\quad\quad | :10x$
$73.500 = x$

Ermittlung Break-even-Umsatz (Gewinnschwellenumsatz)

Grundsatz:

Der Break-even-Umsatz gibt an, wie viel Umsatz generiert werden muss, damit die Kosten und Erlöse ausgeglichen sind.

$$\text{Break-even-Umsatz} = \text{Break-even-Point} \cdot \text{Verkaufspreis}$$

$= 73.500\ \text{Stück} \cdot 75\ € = 5.512.500\ €$

LÖSUNGEN

Ermittlung Deckungsbeitrags-Umsatzrate (DBU)

Grundsatz:

Die Deckungsbeitrags-Umsatzrate (DBU) gibt an, wie viel Prozent des Umsatzes der Deckungsbeitrag darstellt. Die DBU wird grundsätzlich berechnet, indem der Stückdeckungsbeitrag ins Verhältnis zum Verkaufspreis gesetzt wird.

Alternativ kann auch der Gesamtdeckungsbeitrag zum Gesamtumsatz ins Verhältnis gesetzt werden.

$$\text{Deckungsbeitrags-Umsatzrate (DBU)} = \frac{\text{Stückdeckungsbeitrag} \cdot 100}{\text{Verkaufspreis je Stück}}$$

$$= \frac{10\ € \cdot 100}{75\ €} = 13{,}3\ \%$$

d) Die langfristige Preisuntergrenze gibt den Verkaufspreis an, der erreicht werden muss, damit alle verkauften Erzeugnisse die Gesamtkosten decken.

$$\text{Langfristige Preisuntergrenze} = \frac{\text{Gesamtkosten}}{\text{Menge}}$$

Die kurzfristige Preisuntergrenze liegt dort, wo die variablen Stückkosten gedeckt sind, bzw. wo der Stückdeckungsbeitrag gleich 0 € beträgt. Die kurzfristige Preisuntergrenze ist in den jeweiligen Monaten identisch.

	August	September
langfristige Preisuntergrenze	81,80 €	72,84 €
kurzfristige Preisuntergrenze	65,00 €	65,00 €

e) Zur Berechnung der Menge, die abgesetzt werden muss, um einen Gewinn von 100.000 € zu erwirtschaften, bedient man sich der Gewinnschwellen-Mengen-Formel (Break-even-Formel).

Es werden die fixen Gesamtkosten um 100.000 € fiktiv erhöht, sodass man die Menge erhält, die abgesetzt werden muss, um einen Gewinn von 100.000 € zu erwirtschaften.

$$\text{Menge bei Gewinn 100.000 €} = \frac{\text{fixe Gesamtkosten + Gewinn}}{\text{Stückdeckungsbeitrag}}$$

$$= \frac{(735.000\ € + 100.000\ €)}{10\ €}$$

Menge bei Gewinn 100.000 € = 83.500 Stück

f) Das Unternehmen sucht die Menge, die abgesetzt werden muss, damit 5 % vom Umsatz dem Gewinn entspricht.

Die Formel für die Umsatzrentabilität lautet

$$\text{Umsatzrentabilität} = \frac{\text{Gewinn} \cdot 100}{\text{Umsatz}}$$

Gewinn und Umsatz sind in der Aufgabenstellung nicht eindeutig gegeben. Der Gewinn und der Umsatz müssen durch die Kosten- und Erlösfunktion dargestellt werden, da diese aus der Aufgabenstellung abgeleitet werden kann.

Der Gewinn wird berechnet, indem von den Erlösen die Kosten subtrahiert werden. Der Umsatz ergibt sich aus den Gesamterlösen.

Die Formel für die Berechnung der Umsatzrentabilität sieht dann folgendermaßen aus.

$$\text{Umsatzrentabilität} = \frac{\text{Erlösfunktion - Kostenfunktion}}{\text{Erlösfunktion}}$$

Aus Vereinfachungsgründen wird nicht mehr „· 100" gerechnet, und die Umsatzrentabilität von 5 % wird in die Formel dezimal, d. h. als 0,05, eingesetzt.

Mit den gegebenen Daten sieht die Formel folgendermaßen aus:

$$0{,}05 = \frac{75x - (735.000 + 65x)}{75x}$$

Die Formel wird nach x aufgelöst und man erhält die Menge, die abgesetzt werden muss, um eine Umsatzrentabilität von 5 % zu erreichen.

$0{,}05 = \dfrac{75x - (735.000 + 65x)}{75x}$	| · 75x
3,75 x = 75x - (735.000 + 65x)	| Klammer auflösen
3,75 x = 75x - 735.000 - 65 x	| Zusammenfassen
3,75 x = 10x - 735.000	| - 10x
-6,25 x = - 735.000	| : -6,25
x = 117.600	

Probe: (bei 117.600 Stück)

Umsatz (Verkaufspreis • Menge)	**8.820.000 €**
Gesamtkosten bei 117.600 Stück	
variable Kosten (117.600 St. • 65 €)	7.644.000 €
fixe Gesamtkosten	735.000 €
	8.379.000 €
Gewinn	**441.000 €**
Umsatzrentabilität	**5,0 %**

g) Unter dem absoluten Deckungsbeitrag ist der Stückdeckungsbeitrag zu verstehen. In diesem Fall sind es 10 €.

Der relative Deckungsbeitrag ist der Deckungsbeitrag, den ein Kostenträger/Produkt in einer bestimmten Zeiteinheit (Stunde oder Minute) erwirtschaftet.

Dieser wird benötigt um z. B. das optimale Produktionsprogramm zu bestimmen.

Lösung zu Aufgabe 49: Ermittlung Break-even-Point, Zusatzauftrag

a) Die **Gewinnschwellenmenge** (Break-even-Point) wird nach folgender Formel berechnet:

$$\text{Break-even-Point} = \frac{\text{fixe Gesamtkosten}}{\text{Stückdeckungsbeitrag}}$$

Die fixen Gesamtkosten sind i. H. von 187.500 € gegeben. Die variablen Kosten ergeben sich aus:

Verkaufspreis	187,50 €
- variable Stückkosten	131,25 €
= Stückdeckungsbeitrag	**56,25 €**

Diese Daten werden eingesetzt in die Grundformel und es ergibt sich die Gewinnschwellenmenge:

$$\text{Break-even-Point} = \frac{\text{fixe Gesamtkosten}}{\text{Stückdeckungsbeitrag}}$$

$$= \frac{187.500,00 \,€}{56,25 \,€} = 3.333,33 = 3.334 \text{ Stück}$$

Der Beschäftigungsgrad am Break-even-Point ergibt sich, indem die Gewinnschwellenmenge ins Verhältnis gesetzt wird zur Kapazität (Maximalauslastung):

$$\text{Beschäftigungsgrad am Break-even-Point} = \frac{\text{Gewinnschwellenmenge} \cdot 100}{\text{Kapazität}}$$

$$= \frac{3.334 \text{ Stück} \cdot 100}{10.000 \text{ Stück}} = 33{,}3\ \%$$

b) Durch den Zusatzauftrag würde sich folgender zusätzlicher Stückdeckungs- bzw. Gesamtdeckungsbeitrag ergeben:

Verkaufspreis	162,50 €	
- variable Stückkosten	131,25 €	
= **Stückdeckungsbeitrag**	**31,25 €**	(für den Zusatzauftrag)
• Menge	500	
= **DB (Zusatzauftrag)**	**15.625,00 €**	

Erläuterung:

Aus Sicht der Kosten- und Leistungsrechnung soll ein Zusatzauftrag so lange angenommen werden, wie er einen positiven Deckungsbeitrag erwirtschaftet.

Der Kunde bietet einen Verkaufspreis von 162,50 €. Dadurch kann ein Stückdeckungsbeitrag von 31,25 € erwirtschaftet werden. Da ein positiver Stückdeckungsbeitrag erwirtschaftet werden kann, ist der Zusatzauftrag anzunehmen.

Durch die Annahme des Zusatzauftrages verändert sich das Betriebsergebnis wie folgt:

Verkaufspreis	187,50 €
- variable Stückkosten	131,25 €
= Stückdeckungsbeitrag (dB)	56,25 €
• Menge (in Stück)	6.500
= Gesamtdeckungsbeitrag (DB)	365.625,00 €
- fixe Gesamtkosten	187.500,00 €
= **Betriebsergebnis (ohne Zusatzauftrag)**	**178.125,00 €**
+ Deckungsbeitrag (Zusatzauftrag)	15.625,00 €
= **Betriebsergebnis (inklusive Zusatzauftrag)**	**193.750,00 €**

LÖSUNGEN

Lösung zu Aufgabe 50: Grundlagen Teilkostenrechnung

Beschäftigungsgrad	40 %	80 %
Menge in Stück	200.000	400.000
Stückgesamtkosten	12 €	9 €
Fixe Stückkosten	6 €	3 €
Variable Stückkosten	6 €	6 €
Gesamtkosten	2.400.000 €	3.600.000 €
Gesamte Fixkosten	1.200.000 €	1.200.000 €
Gesamte Variable Kosten	1.200.000 €	2.400.000 €
Umsatzerlöse	2.000.000 €	4.000.000 €
Preis pro Stück	10 €	10 €
Stückdeckungsbeitrag	4 €	4 €
Gesamtdeckungsbeitrag	800.000 €	1.600.000 €
Betriebsergebnis	- 400.000 €	400.000 €

Erläuterung:

Ein möglicher Ansatz für die Vorgehensweise ist z. B.

1. Berechnung der „Menge in Stück" für 80 % Auslastung

$$= \frac{\text{Variable Gesamtkosten}}{\text{Variable Stückkosten}}$$

2. Berechnung der „Menge in Stück" für 40 % Auslastung

$$= \frac{\text{Menge bei 80 \%}}{80 \%} \cdot 40 \%$$

3. Variable Stückkosten übertragen von Spalte „80 %" in Spalte „40%"

4. Berechnung „Preis je Stück" bei 80 %

$$= \frac{\text{Umsatz}}{\text{Menge}}$$

5. Übertragung des Preises in Spalte „40 %"

6. Ermittlung „Gesamtdeckungsbeitrag" bei 80 %
= Umsatz - Variable Gesamtkosten

7. Ermittlung „Fixe Gesamtkosten" bei 80 %
= Betriebsergebnis + Gesamtdeckungsbeitrag

8. ...

LÖSUNGEN

Lösung zu Aufgabe 51: Break-even-Analyse

Grundüberlegungen:

Am Break-even-Point gilt: fixe Gesamtkosten = Gesamtdeckungsbeitrag

Auslastung am Break-even-Point = 70 % = 35.000 Stück

Stückdeckungsbeitrag = 10 €

$$\text{Stückdeckungsbeitrag (dB)} = \frac{\text{Gesamtdeckungsbeitrag (am Break-even-Point)}}{\text{Break-even-Menge}}$$

$$= \frac{350.000\ \text{€}}{35.000\ \text{Stück}}$$

Auslastung = 80 % = 40.000 Stück

Betriebsergebnis bei 40.000 Stück

= Stückdeckungsbeitrag (dB)	10 €
• Menge (in Stück)	40.000
= Gesamtdeckungsbeitrag (DB)	400.000 €
- fixe Gesamtkosten	350.000 €
= Betriebsergebnis	**50.000 €**

Vorgehensweise:

Bei einer Auslastung von 80 % entspricht die Absatzmenge 40.000 Stück. Die Ausgangsbasis für die Berechnung des Betriebsergebnisses ist der Stückdeckungsbeitrag in Höhe von 10 €.

Der Stückdeckungsbeitrag wird mit der Menge von 40.000 Stück multipliziert, es ergibt sich der Gesamtdeckungsbeitrag in Höhe von 400.000 €.

Vom Gesamtdeckungsbeitrag werden die ermittelten fixen Gesamtkosten in Höhe von 350.000 € subtrahiert, es ergibt sich das Betriebsergebnis in Höhe von 50.000 €.

Lösung zu Aufgabe 52: Teilkostenrechnung, Gewinnschwellenanalyse

a) **Grundidee:**
   Die fixen Gesamtkosten entsprechen dem Gesamtdeckungsbeitrag am Break-even-Point. Somit wird aus den gegebenen Daten der Gesamtdeckungsbeitrag bei einer Auslastung von 10.000 Stück (= Break-even-Point) berechnet.

LÖSUNGEN

Vorgehensweise:

1. Ermittlung des Verkaufspreises
   Der Break-even-Umsatz beträgt 600.000 € bei 10.000 Stück. Hieraus lässt sich der Verkaufspreis von 60 € je Stück berechnen.

2. Ermittlung variable Stückkosten
   Bei Vollauslastung (= 20.000 Stück) betragen die variablen Gesamtkosten 1 Mio. €. Hieraus lassen sich die variablen Stückkosten von 50 € je Stück berechnen.

3. Aufstellung des Schemas zur Berechnung des Betriebsergebnisses in der Teilkostenrechnung.

   Um die fixen Kosten zu berechnen, sollten Sie zunächst das Schema aufstellen und die Daten, die sie bisher berechnet haben (Verkaufspreis, variable Stückkosten, Menge), eintragen.

4. Es wird nun der Stückdeckungsbeitrag (Verkaufspreis - variable Stückkosten) in Höhe von 10 € berechnet.

5. Der Stückdeckungsbeitrag wird multipliziert mit der Menge am Break-even-Point (= 10.000 Stück). Man erhält den Gesamtdeckungsbeitrag in Höhe von 100.000 €.

6. Der Gesamtdeckungsbeitrag am Break-even-Point entspricht den fixen Gesamtkosten, da das Betriebsergebnis hier 0 € beträgt und somit der Gesamtdeckungsbeitrag die fixen Kosten voll deckt.

Kontrolle:

Verkaufspreis	60 €
- variable Stückkosten	50 €
= Stückdeckungsbeitrag (dB)	10 €
• Menge (in Stück)	10.000
= Gesamtdeckungsbeitrag (DB)	100.000 €
- **fixe Gesamtkosten**	**100.000 €**
= Betriebsergebnis (am Break-even-Point)	0 €

Darstellung Kosten- und Erlösfunktion:

Grundsätzlich lautet die Kostenfunktion:

K(x) = fixe Gesamtkosten + (variable Stückkosten • Menge)

auf die Aufgabe bezogen: K(x) = 100.000 + 50x

LÖSUNGEN

Grundsätzlich lautet die Erlösfunktion:

E(x) = Verkaufspreis x Menge

auf die Aufgabe bezogen: E(x) = 60x

b) Um die Menge zu ermitteln, bei der ein Gewinn von 10.000 € erwirtschaftet wird, bedient man sich der Break-even-Formel und erhöht die fixen Gesamtkosten fiktiv um den Gewinn von 10.000 €.

Menge bei einem Betriebsergebnis von 10.000 €

$$= \frac{\text{(Fixe Gesamtkosten + Gewinn)}}{\text{Stückdeckungsbeitrag}} = \frac{(100.000 + 10.000\ €)}{10\ €} = 11.000\ \text{Stück}$$

Bei einer Menge von 11.000 Stück erwirtschaftet das Unternehmen ein Betriebsergebnis von 10.000 €.

Kontrolle:

Verkaufspreis	60 €
- variable Stückkosten	50 €
= Stückdeckungsbeitrag (dB)	10 €
• Menge (in Stück)	11.000
= Gesamtdeckungsbeitrag (DB)	110.000 €
- fixe Gesamtkosten	**100.000 €**
= Betriebsergebnis	10.000 €

c) Die kurzfristige Preisuntergrenze dient u. a. dazu, kurzfristig am Markt zu entscheiden, ob ein Zusatzauftrag angenommen werden soll oder nicht.

Durch jeden Auftrag müssen zumindest die variablen Stückkosten gedeckt sein, d. h. es muss mindestens ein Deckungsbeitrag von 0 € erwirtschaftet werden, hier liegt die kurzfristige Preisuntergrenze.

Verkauft ein Unternehmen zur kurzfristigen Preisuntergrenze, so verändert sich das Betriebsergebnis durch den Auftrag nicht.

Die langfristige Preisuntergrenze dient zur Orientierung über die Mindesthöhe des Verkaufspreises einer Abrechnungsperiode, damit mindestens kostendeckend gewirtschaftet wird.

Die langfristige Preisuntergrenze liegt dort, wo die Verkaufserlöse aller abgesetzten Erzeugnisse die Gesamtkosten decken.

LÖSUNGEN

$$\text{Langfristige Preisuntergrenze} = \frac{\text{Gesamtkosten}}{\text{Absatzmenge}}$$

Lösung zu Aufgabe 53: Ermittlung Erlöse, Betriebsergebnis, Umsatzrendite

a) Bei einer Auslastung von 40 % beträgt die Menge 20.000 Stück. Bei dieser Menge arbeitet das Unternehmen kostendeckend, d. h. der Break-even-Point (Gewinnschwellenmenge) liegt bei 20.000 Stück.

Die fixen Gesamtkosten am Break-even-Point entsprechen dem Gesamtdeckungsbeitrag bei dieser Menge, sodass die **fixen Kosten** 200.000 € betragen.

Der **Gewinnschwellenumsatz** (=Break-even-Umsatz) beträgt 800.000 €. An der Gewinnschwelle beträgt das Betriebsergebnis 0 €, sodass der Umsatz sich aus dem Gesamtdeckungsbeitrag + variable Gesamtkosten zusammensetzt.

Gegenprobe:

Umsatz	800.000 €
- variable Gesamtkosten	600.000 €
= Gesamtdeckungsbeitrag	200.000 €
- fixe Gesamtkosten	200.000 €
= Betriebsergebnis	**0 €**

b)
Menge	23.000	46 % Beschäftigungsgrad
Stückdeckungsbeitrag	10 €	
notwendiger Gesamtdeckungsbeitrag	230.000 €	
fixe Gesamtkosten	200.000 €	
Betriebsergebnis	30.000 €	

Erläuterung:

1. Aufstellung des Schemas der Teilkostenrechnung.

2. Es soll ein Betriebsergebnis von 30.000 € erwirtschaftet werden, dieser Wert wird in das Schema eingetragen.

3. Das Unternehmen hat fixe Gesamtkosten von 200.000 €. Addiert man diese zu dem Betriebsergebnis, ergibt sich der Gesamtdeckungsbeitrag, der erwirtschaftet werden muss, um das Betriebsergebnis zu erreichen.

4. Der Gesamtdeckungsbeitrag wird dividiert durch den Stückdeckungsbeitrag in Höhe von 10 € (siehe Aufgabe a). (Gesamtdeckungsbeitrag bei 20.000 Stück = 200.000 € = 10 € pro Stück)

5. Es ergibt sich die Menge von 23.000 Stück, dies entspricht einer Auslastung von 46 % (100 % = 50.000 Stück).

c)
fixe Gesamtkosten	200.000 €
Stückdeckungsbeitrag	10 €
variable Stückkosten	30 €
Verkaufspreis	40 €

Die variablen Stückkosten ergeben sich, indem die variablen Gesamtkosten in Höhe von 600.000 € am Break-even-Point dividiert werden durch die Break-even-Menge von 20.000 Stück.

Der Verkaufspreis ergibt sich, indem zu den variablen Stückkosten der Stückdeckungsbeitrag addiert wird.

Die Formel für die Umsatzrentabilität lautet

$$\text{Umsatzrentabilität} = \frac{\text{Gewinn} \cdot 100}{\text{Umsatz}}$$

In diese Formel wird die Kosten- und Erlösfunktion eingetragen, da diese abgeleitet werden kann. Die Formel für die Berechnung der Umsatzrentabilität sieht dann folgendermaßen aus:

$$\text{Umsatzrentabilität} = \frac{\text{Erlösfunktion} - \text{Kostenfunktion}}{\text{Erlösfunktion}}$$

Aus Vereinfachungsgründen wird nicht mehr „• 100" gerechnet. Die Umsatzrentabilität von 10 % wird in die Formel dezimal, d. h. als 0,1, eingesetzt. Mit den gegebenen Daten sieht die Formel folgendermaßen aus:

$$0{,}1 = \frac{40x - (200.000 + 30x)}{40x}$$

Die Formel wird nach x aufgelöst, so erhält man die Menge, die abgesetzt werden muss, um eine Umsatzrentabilität von 10 % zu erreichen.

$0{,}1 = \dfrac{40x - (200.000 + 30x)}{40x}$	| • 40x
4x = 40x -(200.000 + 30x)	| Klammer auflösen
4x = 40x -200.000 - 30x	| Zusammenfassen
4x = 200.000 + 10x	| - 10x
-6x = -200.000x	| : -6x
x = 33.333,33	**entspricht 33.334 Stück**

Probe: (bei 33.334 Stück)

Umsatz (Verkaufspreis • Menge)		1.333.360 €
Gesamtkosten bei 117.600 Stück		
variable Kosten (33.334 St. • 30 €)	1.000.020 €	
fixe Gesamtkosten	200.000 €	
		1.200.020 €
Gewinn		**133.340 €**
Umsatzrentabilität		**10,0 %**

Die minimale Differenz ergibt sich da die genau berechnete Menge 33.333,33 St. beträgt. Die Abweichung ist zu vernachlässigen.

Lösung zu Aufgabe 54: Teilkostenrechnung, Ermittlung Erlöse, Break-even-Point

a) Aus den gegebenen Daten ist folgender Ansatz zur Berechnung möglich:

Die Break-even-Menge liegt bei 40 % Auslastung, dies entspricht einer Menge von 4.000 Stück.

Am Break-even-Point beträgt das Betriebsergebnis 0 €.

Im Juli beträgt das Betriebsergebnis 100.000 € bei einer Auslastung von 60 %. Dies entspricht einer Menge von 6.000 Stück.

Das erwirtschaftete Betriebsergebnis in Höhe von 100.000 € entspricht dem erwirtschafteten Gesamtdeckungsbeitrag von 2.000 Stück.

(Differenz zwischen 6.000 Stück im Monat Juni und 4.000 Stück am Break-even-Point).

Dividiert man den erwirtschafteten Gesamtdeckungsbeitrag durch die Menge, erhält man den Stückdeckungsbeitrag. Zum Stückdeckungsbeitrag addiert man die variablen Kosten und es ergibt sich der Verkaufspreis je Stück.

Diese Berechnungen werden nachfolgend dargestellt:

	Auslastung	Stückzahl	Betriebsergebnis
Break-even-Menge	40 %	4.000	0 €
Juni 2012	60 %	6.000	100.000 €
Differenz (= erwirtschafteter DB, der Mengenänderung)		**2.000**	**100.000 €**

$$\text{Stückdeckungsbeitrag} = \frac{\text{Differenz Betriebsergebnis}}{\text{Differenz Menge}}$$

$$= \frac{100.000\ €}{2.000\ \text{Stück}} = 50\ €$$

Stückdeckungsbeitrag	50 €
+ variable Stückkosten	150 €
= Verkaufspreis je Stück	**200 €**

b) In dieser Teilaufgabe ist die Menge gesucht, bei der das Unternehmen unter den gegeben Umständen kostendeckend arbeitet.

Das bedeutet, es wird die Break-even-Menge gesucht. Von der Frage ausgehend sollte zuerst die Grundformel aufgeschrieben werden:

$$\text{Break-even-Menge} = \frac{\text{fixe Gesamtkosten}}{\text{Stückdeckungsbeitrag}}$$

Ermittlung der fixen Gesamtkosten:

In Teilaufgabe a) wurde der Stückdeckungsbeitrag in Höhe von 50 € ermittelt.

Bei einer Auslastung von 4.000 Stück lag gemäß der Ausgangssituation die Break-even-Menge. Bei dieser Menge beträgt der Gesamtdeckungsbeitrag 200.000 € (4.000 Stück · 50 €).

Der Gesamtdeckungsbeitrag entspricht am Break-even-Point den fixen Gesamtkosten, sodass in der Ausgangssituation die fixen Kosten 200.000 € betragen.

Die fixen Kosten steigen durch die Investition um 30 % auf 260.000 €.

LÖSUNGEN

 **TIPP**

Sollten Sie in Teilaufgabe a) auf einen anderen Stückdeckungsbeitrag berechnet haben nehmen Sie für die weiteren Berechnungen den unter a) ermittelten Stückdeckungsbeitrag.

Sollten Sie keinen Stückdeckungsbeitrag ermittelt haben, rechnen Sie mit einem erdachten Wert.

Die Prüfer werten dies normalerweise als Folgefehler und es kommt in Teilaufgabe b) zu keinem Punktabzug, wenn die Berechnungen im Grundsatz richtig sind.

Ermittlung Stückdeckungsbeitrag

Der Stückdeckungsbeitrag ergibt sich aus der Differenz zwischen Verkaufspreis und variablen Stückkosten, beide Werte sind laut Aufgabenstellung gegeben.

Verkaufspreis	175 €
- variable Stückkosten	125 €
= **Stückdeckungsbeitrag**	**50 €**

 INFO

Dass der neue Stückdeckungsbeitrag identisch ist wie der alte Stückdeckungsbeitrag in Höhe von 50 €, ist nicht allgemeingültig!

Ermittlung Break-even-Menge

$$\text{Break-even-Menge} = \frac{\text{fixe Gesamtkosten}}{\text{Stückdeckungsbeitrag}}$$

$$= \frac{260.000\ \text{€}}{50\ \text{€}} = 5.200\ \text{Stück}$$

Es muss eine Menge von 5.200 Stück abgesetzt werden, um kostendeckend zu arbeiten.

Lösung zu Aufgabe 55: Ermittlung Betriebsergebnis, Break-even-Point

a) Die Ermittlung der variablen und fixen Kosten kann im vorliegenden Fall durch die Differenz-Quotienten-Funktion durchgeführt werden.

Die Menge und die Kosten sind jeweils in Bezug auf den Vormonat gestiegen. Daraus folgt, dass der Vormonat die 100 %-Basis bildet, auf die sich die Kostensteigerung (24 %) und die Mengensteigerung (40 %) beziehen.

Berechnen der variablen Stückkosten:

1. Übertragung der Gesamtkosten und Menge für den Monat Juli 2012
2. Ermittlung der Gesamtkosten für den Vormonat (Juni 2012)
3. Ermittlung der Menge für den Vormonat (Juni 2012)
4. Ermittlung der Differenz der Gesamtkosten und der Menge
5. Ermittlung der variablen Stückkosten

$$\text{variable Stückkosten} = \frac{\text{Kostendifferenz}}{\text{Mengendifferenz}}$$

$$= \frac{60.000\ \text{€}}{2.000\ \text{Stück}} = 30{,}00\ \text{€}$$

Tabellarische Darstellung:

	Menge in Stück	Kosten
Juni 2012 (Vormonat)	5.000 (= 100 %)	250.000 € (= 100 %)
Juli 2012	7.000 (= 140 %)	310.000 € (= 124 %)
Differenz	**2.000**	**60.000 €**

Berechnung der fixen Gesamtkosten:

Um die fixen Gesamtkosten zu ermitteln, werden von den Gesamtkosten jeweils die variablen Gesamtkosten (variable Stückkosten x Menge) subtrahiert. Man kann dies für beide Monate zur Kontrolle durchführen, denn in beiden Monaten müssen die fixen Gesamtkosten identisch sein:

Ermittlung fixe Gesamtkosten

	Juni 2012	Juli 2012
Gesamtkosten	250.000 €	310.000 €
- variable Gesamtkosten	150.000 €	210.000 €
= fixe Gesamtkosten	**100.000 €**	**100.000 €**

Darstellung Kostenfunktion:

Die Kostenfunktion lautet grundsätzlich:

K(x) = fixe Gesamtkosten + (variable Stückkosten • Menge)

Für die Ausgangssituation:

K(x) = 100.000 + 30x

b) Zur Ermittlung der kostendeckenden Menge, ist die Break-even-Formel anzuwenden.

$$\text{Break-even-Menge} = \frac{\text{fixe Gesamtkosten}}{\text{Stückdeckungsbeitrag (x)}}$$

$$= \frac{100.000\ €}{25\ €} = 4.000\ \text{Stück}$$

Ermittlung Stückdeckungsbeitrag (x):

Verkaufspreis	55 €
- variable Stückkosten	30 €
= Stückdeckungsbeitrag	**25 €**

 INFO

Die Begriffe Break-even-Menge, kostendeckende Menge und Gewinnschwellenmenge können identisch verwendet werden.

Der Break-even-Umsatz ermittelt sich, indem die kostendeckende Menge mit dem Verkaufspreis multipliziert wird:

Break-even-Umsatz = Break-even-Menge • Verkaufspreis

= 4.000 Stück • 55 €

= 220.000 €

c) **Betriebsergebnis Juni 2012 (Vormonat)**

=	Stückdeckungsbeitrag (dB)	25 €
•	Menge (in Stück)	5.000
=	Gesamtdeckungsbeitrag (DB)	125.000 €
-	fixe Gesamtkosten	100.000 €
=	**Betriebsergebnis**	**25.000 €**

Lösung zu Aufgabe 56: Einstufige Deckungsbeitragsrechnung in Mehrproduktunternehmen I

a) **Verkaufspreise**

Classic	90,00 €
Modern	100,00 €
Glas	120,00 €

	Classic	Modern	Glas
Verkaufspreis	90 €	100 €	120 €
- variable Stückkosten	50 €	70 €	90 €
= Stückdeckungsbeitrag	40 €	30 €	30 €
• Menge	10.000	15.000	5.000
= Gesamtdeckungsbeitrag	400.000 €	450.000 €	150.000 €
- fixe Gesamtkosten			850.000 €
= **Betriebsergebnis**			**150.000 €**

b) Als absoluten Deckungsbeitrag bezeichnet man den Stückdeckungsbeitrag. Er wird ermittelt indem die variablen Stückkosten vom Verkaufspreis subtrahiert werden.

	Verkaufspreis
-	variable Stückkosten
=	Stückdeckungsbeitrag = absoluter Deckungsbeitrag

Als relativer Deckungsbeitrag wird der Deckungsbeitrag je Zeiteinheit (in Minuten bzw. Stunden) bezeichnet. Er stellt dar, wie viel Deckungsbeitrag ein Produkt je Stunde bzw. je Minute erwirtschaftet. Er wird u. a. benötigt, um das optimale Produktionsprogramm zu gestalten.

$$\text{relativer Deckungsbeitrag} = \frac{\text{absoluter Deckungsbeitrag}}{\text{Produktionszeit}}$$

LÖSUNGEN

Lösung zu Aufgabe 57: Einstufige Deckungsbeitragsrechnung in Mehrproduktunternehmen

a) 1. Ermittlung der variablen Stückkosten

	Schreibtisch	Büroschrank
Fertigungsmaterial	35 €	60 €
+ Fertigungslohn	50 €	65 €
= **variable Stückkosten**	**85 €**	**125 €**

2. Ermittlung Betriebsergebnis

	Schreibtisch	Büroschränke
Verkaufspreis	160 €	210 €
- variable Stückkosten	85 €	125 €
= Stückdeckungsbeitrag	75 €	85 €
• Menge	10.000	5.000
= Gesamtdeckungsbeitrag	750.000 €	425.000 €
- fixe Gesamtkosten		800.000 €
= **Betriebsergebnis**		**375.000 €**

b) Die kurzfristige Preisuntergrenze stellt den Preis dar, auf den der Verkäufer den Verkaufspreis höchstens absenken kann.

Der Verkaufspreis muss mindestens die variablen Stückkosten abdecken, da diese bei jedem verkauften Produkt bzw. jeder verkauften Dienstleistung anfallen. Die kurzfristige Preisuntergrenze liegt also in Höhe der variablen Stückkosten bzw. dort, wo der Deckungsbeitrag gleich 0 € ist.

Für die Schreibtische liegt die kurzfristige Preisuntergrenze bei 85 €.

Verkauft ein Unternehmen zur kurzfristigen Preisuntergrenze, verändert sich das Betriebsergebnis nicht, da kein Deckungsbeitrag erwirtschaftet wird.

Das Unternehmen sollte sehr vorsichtig mit Preisuntergrenzen umgehen, da Kunden sich u. a. schnell daran „gewöhnen" können.

Lösung zu Aufgabe 58: Einstufige Deckungsbeitragsrechnung, Ermittlung Verkaufspreis

Ermittlung des Verkaufspreises Produkt B:

Grundsatz:
In der Ausgangssituation sind die Daten für das Produkt A komplett gegeben. Für das Produkt B sind die variablen Kosten gegeben, allerdings nicht der Verkaufspreis.

LÖSUNGEN

Um diesen berechnen zu können, sind als weitere Daten das Betriebsergebnis und die fixen Gesamtkosten gegeben. Ich empfehle folgende Vorgehensweise zur Berechnung des Verkaufspreises für Produkt B:

Vorgehensweise:

1. Aufstellen des allgemeinen Berechnungsschemas:

		Produkt A	Produkt B
	Verkaufspreis		
-	variable Stückkosten		
=	Stückdeckungsbeitrag		
•	Menge (Stück)		
=	Gesamtdeckungsbeitrag		
=	Summe Gesamtdeckungsbeitrag		
-	fixe Gesamtkosten		
=	**Betriebsergebnis**		

2. Ermittlung der variablen Stückkosten für Produkt A und B

	Produkt A	Produkt B
Fertigungsmaterial	5 €	6 €
+ Fertigungslohn	10 €	14 €
= variable Stückkosten	**15 €**	**20 €**

3. Ermittlung des Gesamtdeckungsbeitrages für Produkt A

	Produkt A
Verkaufspreis	20 €
- variable Stückkosten	15 €
= Stückdeckungsbeitrag	5 €
• Menge	10.000
= Gesamtdeckungsbeitrag	**50.000 €**

4. Ermittlung des Gesamtdeckungsbeitrags, den Produkt A und Produkt B erwirtschaften müssen:

Betriebsergebnis	50.000 €
+ Fixe Gesamtkosten	200.000 €
= Summe Gesamtdeckungsbeitrag	**250.000 €**

LÖSUNGEN

5. Ermittlung des Gesamtdeckungsbeitrags, den Produkt B erwirtschaften muss:

      Gesamtdeckungsbeitrag   250.000 €
   + Gesamtdeckungsbeitrag Produkt A   50.000 €
   = **Gesamtdeckungsbeitrag Produkt B**   **200.000 €**

6. Ermittlung Stückdeckungsbeitrag Produkt B:

   $$\text{Stückdeckungsbeitrag} = \frac{\text{Gesamtdeckungsbeitrag Produkt B}}{\text{Menge in Stück}}$$

   $$= \frac{200.000 \text{ €}}{20.000 \text{ Stück}} = 10 \text{ €}$$

7. Ermittlung Verkaufspreis Produkt B

   $$\text{Verkaufspreis} = \text{Stückdeckungsbeitrag} + \text{variable Kosten}$$

   = 10 € + 20 € = 30 €

Zusammenfassende Darstellung der Lösung:

	Produkt A	Produkt B
Verkaufspreis	20 €	30 €
- variable Stückkosten	15 €	20 €
= Stückdeckungsbeitrag	5 €	10 €
• Menge	10.000	20.000
= Gesamtdeckungsbeitrag	50.000 €	200.000 €
= Summe Gesamtdeckungsbeitrag		250.000 €
- fixe Gesamtkosten		200.000 €
= **Betriebsergebnis**		**50.000 €**

4. Auswerten der betriebswirtschaftlichen Zahlen

Lösung zu Aufgabe 1: Adressaten des Jahresabschlusses

Externe Adressaten für den Jahresabschluss sind u. a.

- Investoren/zukünftige Anteilseigner
- Banken/Kreditgeber
- Lieferanten
- Kunden.

Investoren bzw. zukünftige Anteilseigner benötigen Informationen über den zukünftigen Verlauf des Unternehmens. Sie betrachten die Finanz-, Ertrags- und Liquiditätslage, um zu entscheiden, ob sie in das Unternehmen investieren, indem sie Anteile erwerben.

Banken bzw. Kreditgeber stellen dem Unternehmen Fremdkapital zur Verfügung. Sie tragen ein Kreditrisiko. Um dieses Kreditrisiko einschätzen zu können, betrachten Banken bzw. Kreditgeber den Jahresabschluss des Unternehmens. Nur wenn das Unternehmen erfolgreich am Markt agiert, besteht ein geringes Kreditausfallrisiko.

Lieferanten stellen dem Unternehmen ebenfalls Kredite in Form von Lieferantenkrediten zur Verfügung. Sie wollen ihre Forderungen gesichert sehen und betrachten aus diesem Grund den Jahresabschluss des Unternehmens.

Aber auch Entscheidungen über zukünftige Zusammenarbeit und neue Lieferantenkredite werden auf Basis der zu betrachtenden Jahresabschlüsse getroffen.

Kunden gehen mit dem Unternehmen wirtschaftliche Abhängigkeiten ein, sie sind an langfristigen erfolgreichen Geschäftsbeziehungen interessiert und betrachten aus dieser Sicht den Jahresabschluss des Unternehmens.

Lösung zu Aufgabe 2: Jahresabschlussanalyse, Betriebsvergleich

a) Die Mindestbestandteile des Jahresabschlusses kleiner Kapitalgesellschaften sind:

- Bilanz
- Gewinn- und Verlustrechnung
- Anhang.

b) Eine Jahresabschlussanalyse kann z. B. in folgenden aufeinander folgenden Stufen stattfinden:

1. Phase der Informationsbeschaffung
2. Berechnungsphase
3. Interpretationsphase.

LÖSUNGEN

zu 1.
In der Phase der Informationsbeschaffung werden die Daten der Jahresabschlüsse der letzten Jahre zusammengetragen. Es werden Umgliederungen vorgenommen, z. B. Verbindlichkeiten werden je nach Fristigkeit in lang-, mittel- und kurzfristiges Fremdkapital gegliedert.

Außerdem werden Posten zusammengefasst, z. B. im Bereich der Forderungen.

Des Weiteren werden z. B. Informationen zusammengestellt, inwieweit stille Reserven vorhanden sind.

Ergebnis der Informationsbeschaffung ist ein zusammengefasster Jahresabschluss, auf dessen Basis Berechnungen durchgeführt werden können.

zu 2.
Im Rahmen der Berechnungsphase werden je nach Analysefeld Kennzahlenberechnungen durchgeführt. So können z. B. Kennzahlen zur Finanzierung (Eigenkapitalquote, Verschuldungsgrad,...), Liquidität (Cashflow, Liquiditätsgrad,...) etc. berechnet werden.

Es wird im Rahmen der Berechnung von Kennzahlen grundsätzlich unterschieden in Einzelkennzahlen bzw. Kennzahlensysteme (z. B. Return on Investment-Analyse)

zu 3.
Im Rahmen der Interpretationsphase werden die berechneten Kennzahlen ausgewertet. Es werden aus den Kennzahlen Kernaussagen abgeleitet, um so ein „Bild" des Unternehmens zu erhalten und Informationen für zukünftige Entscheidungen zu erhalten.

c) Die Hansen GmbH ist ein potenzielles Konkurrenzunternehmen. Aus dieser Sicht ist ein Betriebsvergleich sinnvoll. Allerdings wurden bei der Berechnung der eigenen Kennzahlen und der Interpretation dieser viele interne Informationen genutzt.

Der Jahresabschluss, der uns von der Hansen GmbH vorliegt, ist extern beschafft. In den meisten Fällen wird ein veröffentlichter Jahresabschluss eines Konkurrenzunternehmens verwendet.

Die Veröffentlichungen findet man unter www.bundesanzeiger.de. Der veröffentlichte Jahresabschluss stellt die Handelsbilanz des Unternehmens dar. Es gibt allerdings kaum Informationen über bilanzpolitische Maßnahmen, die den dargestellten Jahresabschluss von der betrieblichen Realität entfernen. Außerdem sind z. B. keine stillen Reserven erkennbar, da das Anschaffungswertprinzip Anwendung findet.

Es ist ein Betriebsvergleich möglich, allerdings muss die Mayer GmbH beachten, dass ihr nur begrenzte Informationen über die Hansen GmbH vorliegen und somit der Vergleich nur begrenzte Aussagefähigkeit besitzt.

Lösung zu Aufgabe 3: Kennzahlen, EK-Rendite und EK-Quote

a) Die Eigenkapitalrentabilität ist eine Verhältniskennzahl, die den Gewinn eines Geschäftsjahres zum Eigenkapital ins Verhältnis setzt. Es soll die Verzinsung des Eigenkapitals ermittelt werden.

Der Gewinn wird bei der Berechnung grundsätzlich vor Steuern verwendet. Dieses ist aus betriebswirtschaftlicher Sicht notwendig, da Unternehmen unterschiedliche Steuersätze anwenden müssen.

Ist in einer Aufgabenstellung nicht eindeutig erkennbar, ob der Gewinn vor oder nach Steuern angegeben ist, verwenden Sie den angegebenen Gewinn.

Die Eigenkapitalgröße als Bezugsgröße des Gewinns kann entweder als eingesetztes Eigenkapital (Eigenkapital zu Beginn des Geschäftsjahres) oder alternativ als durchschnittliches Eigenkapital verwendet werden.

$$\frac{\text{(Eigenkapital 01.01. + Eigenkapital 31.12.)}}{2}$$

Sie sollten aus Vereinfachungsgründen, wenn nicht anders gefordert, das eingesetzte Eigenkapital verwenden.

Position	2009 (in T€)	2010 (in T€)	2011 (in T€)
Umsatzerlöse	15.000	17.000	16.000
Materialaufwand	6.000	7.200	6.500
Personalaufwand	7.000	7.100	6.500
Zinsen für Fremdkapital	500	550	600
Sonstiger betrieblicher Aufwand	1.00	2.100	2.300
Gewinn		**50**	**100**
Eigenkapital	2.000	2.500	3.000
Langfristiges Fremdkapital	5.000	5.500	6.000
Kurzfristiges Fremdkapital	3.000	2.500	3.000
Gesamtkapital		10.500	12.000
eingesetztes Eigenkapital		**2.000**	**2.500**
durchschnittliches Eigenkapital		**2.250**	**2.750**

$$\text{Eigenkapitalrentabilität} = \frac{\text{Gewinn} \cdot 100}{\text{Eigenkapital (01.01)}}$$

Position	2010	2011
Eigenkapitalrentabilität (eingesetztes EK)	2,5 %	4,0 %

LÖSUNGEN

Alternativ:

$$\text{Eigenkapitalrentabilität} = \frac{\text{Gewinn} \cdot 100}{\text{durchschnittliches Eigenkapital}}$$

Position	2010	2011
Eigenkapitalrentabilität (durchschn. EK)	2,2 %	3,6 %

 **TIPP**

Ist in einer Aufgabe nicht eindeutig eine Variante festgelegt, sind beide Berechnungen möglich!

b) Die Eigenkapitalrentabilität stellt die Verzinsung des Eigenkapitals dar. Das eingesetzte Kapital muss, aus Sicht der Kapitalgeber, ausreichend verzinst werden. Hierbei stellt sich die Frage, ab welcher Höhe das Eigenkapital „gut" verzinst ist.

Es gibt keine feste Größe als Mindestverzinsung. Ob eine ausreichende Eigenkapitalverzinsung vorliegt, lässt sich grundsätzlich an zwei Komponenten messen: an den marktüblichen Zinsen für langfristige Kapitalanlagen und an der Einschätzung des unternehmerischen Risikos.

Unterstellt man einen marktüblichen Zinssatz für langfristige, sichere Kapitalanlagen von 4 % und schätzt der Unternehmer sein unternehmerisches Risiko mit 5 % ein, so sollte die Eigenkapitalrentabilität mindestens 9 % betragen. Ist dieser Wert dann erreicht, gilt die Rendite als positiv.

Hieraus ist erkennbar, dass jeder Unternehmer grundsätzlich selber seine Eigenkapitalrentabilität einschätzen muss.

Als externer Analyst wird die Branche des Unternehmens betrachtet. Aus dieser Sicht kommt man als „Externer" zu einer Einschätzung.

c) Die Eigenkapitalquote ist eine Gliederungskennzahl, die den Anteil des Eigenkapitals am Gesamtkapital anzeigt.

Die Eigenkapitalquote berechnet sich nach folgender Formel:

$$\text{Eigenkapitalquote} = \frac{\text{Eigenkapital} \cdot 100}{\text{Gesamtkapital}}$$

LÖSUNGEN

Position	2009 (in T€)	2010 (in T€)	2011 (in T€)
Eigenkapital	2.000	2.500	3.000
Langfristiges Fremdkapital	5.000	5.500	6.000
Kurzfristiges Fremdkapital	3.000	2.500	3.000
Gesamtkapital		10.500	12.000

	2010	2011
Eigenkapitalquote	23,8 %	25,0 %

Lösung zu Aufgabe 4: Kennzahlen, EK-Rendite, GK-Rendite, Umsatzrendite

a) Zur Ermittlung der jeweiligen Kennzahlen werden folgende Formeln verwendet:

$$\text{Eigenkapitalrentabilität} = \frac{\text{Gewinn} \cdot 100}{\text{durchschnittliches Eigenkapital}}$$

$$\text{Gesamtkapitalrentabilität} = \frac{(\text{Gewinn} + \text{Fremdkapitalzinsen}) \cdot 100}{\text{durchschnittliches Gesamtkapital}}$$

$$\text{Umsatzrentabilität} = \frac{\text{Gewinn} \cdot 100}{\text{Umsatzerlöse}^{*)}}$$

*) in der Ausgangssituation sind Erlösberichtigungen gegeben, diese wirken umsatzmindernd. Bei der Berechnung wird der bereinigte Umsatz angesetzt.

Der Gewinn ist in der Ausgangssituation nicht gegeben, dieser muss als Differenz zwischen den Erträgen und Aufwendungen ermittelt werden.

Da in der Aufgabenstellung das durchschnittliche Eigen- bzw. Fremdkapital gegeben ist, muss dieses bei der Berechnung verwendet werden.

Position	2009 (in T€)	2010 (in T€)	2011 (in T€)
Umsatzerlöse	10.000	11.100	12.500
Erlösberichtigung	100	110	115
bereinigte Umsatzerlöse	**9.900**	**10.990**	**12.385**
Materialaufwand	3.000	3.200	3.500
Löhne und Gehälter inkl. AG-Anteil	4.000	4.500	5.000
Fremdkapitalzinsen	500	550	600
Sonstiger betrieblicher Aufwand	2.000	2.200	2.500
Gewinn	**400**	**540**	**785**
Durchschnittlich gebundenes Eigenkapital	2.000	2.500	3.000
Durchschnittlich gebundenes Fremdkapital	5.000	5.500	6.000
Durchschnittlich gebundenes Gesamtkapital	**7.000**	**8.000**	**9.000**

Eigenkapitalrentabilität	20,0 %	21,6 %	26,2 %
Gesamtkapitalrentabilität	12,9 %	13,6 %	15,4 %
Umsatzrentabilität	4,0 %	4,9 %	6,3 %

b) Unternehmen möchten ihre Rentabilität mit anderen Unternehmen vergleichen. Dieser Vergleich ist meist aber nicht möglich, da die Unternehmen unterschiedlich finanziert sind.

Durch die unterschiedlichen Verschuldungen ergeben sich in der Gewinn- und Verlustrechnung unterschiedliche Fremdkapitalzinsen und somit unterschiedliche Gewinne, bei sonst identischen Unternehmen.

Die Gesamtkapitalrentabilität stellt die Verzinsung des Gesamtkapitals, unabhängig vom Verschuldungsgrad, dar.

Durch das Hinzurechnen der Fremdkapitalzinsen zum Gewinn werden die Unternehmen vergleichbar, da der unterschiedliche Verschuldungsgrad eliminiert wurde.

Lösung zu Aufgabe 5: Ermittlung Gewinn, Eigenkapitalrentabilität

a) Soll der Gewinn durch Betriebsvermögensvergleich ermittelt werden, wird die Differenz zwischen dem Eigenkapital zum Geschäftsjahresende und dem Eigenkapital zum Geschäftsjahresanfang ermittelt. Der ermittelte Wert muss dann noch um die Privatentnahmen und -einlagen korrigiert werden. Hierbei gilt, dass die Privatentnahmen Eigenkapital darstellen, welches am Jahresanfang noch vorhanden war, und die somit hinzugerechnet werden müssen. Privateinlagen stellen Eigenkapital dar, welches am Jahresanfang noch nicht vorhanden war, sodass sie subtrahiert werden müssen.

Eigenkapital Ende 2011	650.000 €
- Eigenkapital Ende 2010	500.000 €
+ Privatentnahmen	30.000 €
- Privateinlagen	100.000 €
= **Gewinn 2011**	**80.000 €**

$$\text{Eigenkapitalrentabilität} = \frac{\text{Gewinn} \cdot 100}{\text{eingesetztes Eigenkapital}}$$

$$= \frac{80.000\ € \cdot 100}{500.000\ €} = 16\,\%$$

b) Personenunternehmen sind u. a. Einzelunternehmen, Offene Handelsgesellschaften und Kommanditgesellschaften. Die Inhaber bzw. Gesellschafter führen die Geschäfte der Unternehmen, können sich allerdings kein Gewinn minderndes Gehalt auszahlen.

Sie müssen sich vom Gewinn „ernähren", und zusätzlich muss der Gewinn noch eine angemessene Verzinsung des eingesetzten Kapitals erwirtschaften.

Bei Kapitalgesellschaften – u. a. GmbHs bzw. AGs – können die Gesellschafter bzw. Aktionäre für die Geschäftsführung der Unternehmung Gewinn mindernd Personalaufwendungen geltend machen, indem sie als Geschäftsführer bzw. Vorstand eingesetzt werden.

Allein aus diesem Grund müssen von der Größe identisch geführte Unternehmen, wenn sie in Form einer Personenunternehmung geführt werden, eine höhere Rendite erwirtschaften, um die Entlohnung für die Geschäftsführung zu würdigen.

Ein weiterer Aspekt könnte u. a. auch die unterschiedliche Haftung bei Personen- und Kapitalgesellschaften darstellen.

Lösung zu Aufgabe 6: Kennzahlen, Leverage-Effekt (allgemein)

a) Sollen im Unternehmen Investitionen getätigt werden, ist zu entscheiden, ob die Investition durch zusätzliches Eigenkapital oder zusätzliches Fremdkapital finanziert werden soll. Diese Entscheidung kann aus Sicht der Liquidität bzw. Rentabilität getroffen werden.

Soll die Entscheidung aus Sicht der Rentabilität getroffen werden, so ist entscheidend, mit welcher Finanzierungsart die Eigenkapitalrentabilität stärker erhöht werden kann.

Hier gilt Folgendes: Solange die Gesamtkapitalrentabilität größer ist als der Fremdkapitalzinssatz, sollte das Unternehmen aus Rentabilitätssicht Fremdkapital zuführen, um die Eigenkapitalrentabilität zu erhöhen. Dies wird als Hebeleffekt bzw. Leverage-Effekt bezeichnet.

Nimmt das Unternehmen statt Eigenkapital zusätzliches Fremdkapital auf, so erhöht sich die Eigenkapitalrentabilität stärker als bei Verwendung von zusätzlichem Eigenkapital.

Im vorliegenden Fall ist die Gesamtkapitalrentabilität (12 %) größer als der Fremdkapitalzinssatz (6 %). Es sollte also unter dem Gesichtspunkt der maximalen Steigerung der Eigenkapitalrentabilität für die Finanzierung der Investition Fremdkapital verwendet werden.

b) Aus finanzwirtschaftlicher Sicht verfolgen Unternehmen u. a. die Ziele Rentabilität und Liquidität.

Aus Rentabilitätssicht möchte das Unternehmen das eingesetzte Kapital möglichst hoch verzinsen, d. h. es soll eine hohe Rendite erwirtschaftet werden.

Aus Sicht der Liquidität möchte das Unternehmen ständig seinen Zahlungsverpflichtungen nachkommen und somit immer über möglichst hohe Liquiditätsbestände verfügen.

Der Zielkonflikt besteht darin, dass zur Erwirtschaftung von Gewinnen und somit zur Renditesteigerung das Kapital investiert werden muss und somit gebunden ist.

Es steht also für Zahlungsverpflichtungen nicht zur Verfügung.

Die Liquidität ist also geschwächt und dann nicht optimal gegeben. Nun stellt sich im Unternehmen die Frage, welches Ziel stärker verfolgt werden soll und somit welches Ziel geschwächt wird.

Kurzfristig muss das Unternehmen immer dem Ziel der Liquidität nachgeben, da die bestmöglich geplante Rendite nicht erwirtschaftet werden kann, wenn das Unternehmen illiquid ist. Außerdem gilt Zahlungsunfähigkeit neben der Überschuldung als Insolvenzgrund.

Langfristig muss ein Unternehmen allerdings wachsen und Rendite erwirtschaften, da es für die Kapitalgeber „attraktiv" bleiben muss und die nachhaltige Rentabilität eines der wichtigsten Ziele der Eigentümer ist.

Am Beispiel des Leverage-Effekt wird deutlich, dass aus Sicht der Rentabilität eine höhere Verschuldung lohnt. Aus Sicht der Liquidität allerdings nimmt diese mit zunehmender Verschuldung ab.

Lösung zu Aufgabe 7: Kennzahlen, Maßnahmen zur Steigerung

a) Die Eigenkapitalrentabilität setzt den Gewinn ins Verhältnis zum Eigenkapital. Der Gewinn ergibt sich aus der Differenz zwischen Erträgen und Aufwendungen, ermittelt in der Gewinn- und Verlustrechnung.

Das Eigenkapital wird der Bilanz entnommen, es wird das eingesetzte Eigenkapital verwendet, alternativ kann auch das durchschnittliche Eigenkapital verwendet werden.

Die Grundformel lautet:

$$\text{Eigenkapitalrentabilität} = \frac{\text{Gewinn} \cdot 100}{\text{Eigenkapital}}$$

Im Rahmen der Ausgangssituation muss in einem ersten Schritt das Eigenkapital berechnet werden und anschließend der Gewinn, bevor die Eigenkapitalrentabilität berechnet werden kann.

	31.12.2009	31.12.2010	31.12.2011
Anlagevermögen	4.000.000 €	4.100.000 €	4.100.000 €
+ Umlaufvermögen	2.500.000 €	2.700.000 €	2.600.000 €
- Fremdkapital	2.000.000 €	2.200.000 €	3.000.000 €
= Eigenkapital	**4.500.000 €**	**4.600.000 €**	**3.700.000 €**
Umsatzerlöse	10.000.000 €	10.500.000 €	12.000.000 €
- Aufwendungen	9.850.000 €	9.900.000 €	11.700.000 €
= Gewinn		**600.000 €**	

Berechnung:

Eigenkapitalrentabilität bei Verwendung des eingesetzten Eigenkapitals:

$$\text{Eigenkapitalrentabilität} = \frac{\text{Gewinn} \cdot 100}{\text{eingesetztes Eigenkapital}}$$

$$= \frac{600.000 \text{ €} \cdot 100}{4.500.000 \text{ €}} = 13{,}33\,\%$$

Alternativ:

Eigenkapitalrentabilität bei Verwendung des durchschnittlichen Eigenkapitals:

$$\text{Eigenkapitalrentabilität} = \frac{\text{Gewinn} \cdot 100}{\text{durchschnittliches Eigenkapital}}$$

$$= \frac{600.000\ \text{€} \cdot 100}{4.550.000\ \text{€}} = 13{,}19\ \%$$

b) Grundsätzlich kann die Eigenkapitalrentabilität gesteigert werden, indem der Gewinn bzw. das Eigenkapital verändert werden.

Laut Aufgabenstellung soll das Eigenkapital allerdings konstant bleiben, sodass nur die Veränderung der Gewinngröße in Frage kommt.

Ein bloßes Schreiben „Steigerung des Gewinns" wäre einerseits zu allgemein, würde aber auch weitere Möglichkeiten begrenzen.

Folgende Möglichkeiten zur Steigerung der Eigenkapitalrentabilität wären z. B. möglich:

1. Durch Preisverhandlungen mit Lieferanten können u. U. die Einkaufspreise für Material gesenkt werden, sodass sich der Gewinn steigern könnte.

2. Durch Steigerung der Produktivität der Mitarbeiter könnten bei konstanten Personalkosten mehr Erzeugnisse produziert werden. Wenn diese auch verkauft werden könnten, wäre eine Gewinnsteigerung möglich.

3. Das Unternehmen könnte versuchen, neue Zielgruppen anzusprechen, um so mehr Umsatz zu generieren und u. U. den Gewinn zu steigern.

4. Durch Optimierung der Produktionsprozesse könnten eventuell mehr Produkte produziert und verkauft werden, durch die entstehende Fixkostendegression würden die Stückkosten fallen, eine Gewinnsteigerung wäre möglich.

5. …

 INFO

Da Ihnen detaillierte Daten zum Unternehmen fehlen, müssen Sie auf solche allgemeinen Möglichkeiten ausweichen.

Lösung zu Aufgabe 8: Eigenkapitalrendite, Bewertung, Leverage-Effekt

a) Grundsätzlich entscheiden die Kapitalgeber anhand ihrer Zielsetzungen, ob die Eigenkapitalrentabilität positiv oder negativ ist.

Es sollten allerdings betriebswirtschaftliche Maßstäbe bei der Bewertung angesetzt werden. So ist die Eigenkapitalrentabilität als positiv zu werten, wenn die Höhe mindestens die beiden folgenden Komponenten erfüllt:

- Die Eigenkapitalrentabilität sollte über dem Zinssatz für langfristige, sichere Finanzanlagen liegen.
- Wie weit die Rendite über der Verzinsung für langfristige sichere Finanzanlagen liegen sollte, hängt vom unternehmerischen Risiko ab.

Bei der Bewertung sind also immer mindestens die Verzinsung für langfristige Finanzanlagen und das unternehmerische Risiko mit einzubeziehen.

b) Die Gesamtkapitalrentabilität stellt die Verzinsung des Gesamtkapitals unabhängig vom Verschuldungsgrad dar.

Sie wird genutzt damit sich Unternehmen vergleichen können, auch wenn sie unterschiedlich finanziert sind.

Durch das Hinzurechnen der Fremdkapitalzinsen zum Gewinn wird die unterschiedliche Verschuldung (Zusammensetzung des Gesamtkapitals durch Eigen- und Fremdkapital) eliminiert.

c) Die Deckungsgrade I und II werden nach folgenden Formeln berechnet:

$$\text{Deckungsgrad I} = \frac{\text{Eigenkapital} \cdot 100}{\text{Anlagevermögen}}$$

$$\text{Deckungsgrad II} = \frac{(\text{Eigenkapital} + \text{langfristiges Fremdkapital}) \cdot 100}{\text{Anlagevermögen}}$$

Das Eigenkapital, also auch das Fremdkapital, ist laut Aufgabenstellung gegeben. Das Anlagevermögen muss vor Ermittlung der Deckungsgrade noch ermittelt werden.

Eigenkapital	10.000.000 €
+ kurzfristiges Fremdkapital	2.000.000 €
+ langfristiges Fremdkapital	15.000.000 €
= Gesamtkapital	27.000.000 €
- Umlaufvermögen	12.000.000 €
= Anlagevermögen	**15.000.000 €**

LÖSUNGEN

$$\text{Deckungsgrad I} = \frac{10.000.000\ \text{€} \cdot 100}{15.000.000\ \text{€}} = 66{,}67\ \%$$

$$\text{Deckungsgrad II} = \frac{(10.000.000\ \text{€} + 15.000.000\ \text{€}) \cdot 100}{15.000.000\ \text{€}} = 166{,}67\ \%$$

d) Der Cashflow stellt den erwirtschafteten Geldüberschuss der Abrechnungsperiode dar. Anders als die klassischen Liquiditätskennzahlen ist er keine stichtagsbezogene Kennzahl, sondern eine zeitraumbezogene Kennzahl und stellt die dynamische Liquidität dar.

Es gibt zur Berechnung des Cashflow verschiedene Berechnungsmöglichkeiten. Die detaillierteste Berechnung erfolgt in der Kapitalflussrechnung.

Aus den Daten der Ausgangssituation ist allerdings „nur" eine einfache Berechnung nach der sog. „Praktiker-Formel" möglich, diese ermittelt den Cashflow:

   Gewinn
+ Abschreibungen
= **Cashflow**

Der Gewinn in Euro ist laut Aufgabe nicht gegeben. Aus den Daten der Eigenkapitalrentabilität und des Eigenkapitals, lässt sich der Gewinn in Euro allerdings ableiten.

Das Eigenkapital i. H. von 10.000.000 € bestand laut Aufgabe auch schon am Jahresanfang, sodass bei einer Eigenkapitalrentabilität von 12 % der Gewinn 1.200.000 € sein muss.

$$\text{Gewinn in €} = \frac{\text{Eigenkapitalrentabilität in \%} \cdot \text{Eigenkapital}}{100}$$

$$= \frac{12 \cdot 10.000.000\ \text{€}}{100} = 1.200.000\ \text{€}$$

Der Cashflow berechnet sich dann:

Gewinn	1.200.000 €
+ Abschreibungen	1.000.000 €
= **Cashflow**	**2.200.000 €**

Lösung zu Aufgabe 9: Ermittlung Gewinn, Eigen-/Gesamt- und Umsatzrentabilität

a) **Der Gewinn kann wie folgt ermittelt werden:**

1. Vom Verkaufspreis werden die Kosten subtrahiert, die pro Stück gegeben sind, es ergibt sich der vorläufige Gewinn pro Stück.

2. Der vorläufige Gewinn pro Stück wird multipliziert mit der Absatzmenge, es ergibt sich der vorläufige Gesamtgewinn.

3. Von dem vorläufigen Gesamtgewinn, werden die Fremdkapitalzinsen subtrahiert. (5 % vom durchschnittlichen Fremdkapital; das durchschnittliche Fremdkapital muss in einer Nebenrechnung ermittelt werden.)

   Es ergibt sich der erwirtschaftete Gewinn der Abrechnungsperiode.

Ermittlung Gewinn:

Verkaufspreis je Stück	15,00 €
- Materialeinsatz je Stück	3,00 €
- Fertigungslohn je Stück	4,00 €
- sonstige Gemeinkosten je Stück	2,00 €
= vorläufiger Gewinn je Stück	**6,00 €**
• Absatzmenge in Stück	10.000
= vorläufiger Gewinn (gesamt)	**60.000,00 €**
- Fremdkapitalzinsen 5 % vom durchschnittlich gebunden Fremdkapital	15.000,00 €
= Gewinn	**45.000,00 €**

Nebenrechnung:

durchschnittliches Anlagevermögen	400.000,00 €
+ durchschnittliches Umlaufvermögen	150.000,00 €
= durchschnittliches Gesamtvermögen	550.000,00 €
- durchschnittliches Eigenkapital	250.000,00 €
= durchschnittliches Fremdkapital	**300.000,00 €**

b) Die Umsatzrentabilität ermittelt sich, indem der Gewinn ins Verhältnis zum Umsatz gesetzt wird:

$$\text{Umsatzrentabilität} = \frac{\text{Gewinn} \cdot 100}{\text{Umsatz}}$$

$$= \frac{45.000\ \text{€} \cdot 100}{150.000\ \text{€}} = 30\ \%$$

Nebenrechnung:

Gewinn siehe Teilaufgabe a)
Umsatz = Verkaufspreis je Stück · Absatzmenge
Umsatz = 15 € · 10.000 Stück = 150.000 €

c) Die Eigenkapitalrentabilität ergibt sich, indem der Gewinn ins Verhältnis zum Eigenkapital gesetzt wird. Die Gesamtkapitalrentabilität ergibt sich, wenn Gewinn und Fremdkapitalzinsen ins Verhältnis zum Gesamtkapital gesetzt werden.

In der Ausgangssituation ist das durchschnittliche Eigenkapital gegeben, das durchschnittliche Fremdkapital kann errechnet werden (siehe Teilaufgabe a).

Es wird also nicht das eingesetzte, sondern das durchschnittliche Kapital in der Formel verwendet.

$$\text{Eigenkapitalrentabilität} = \frac{\text{Gewinn} \cdot 100}{\text{durchschnittlich gebundenes Eigenkapital}}$$

$$= \frac{45.000\ \text{€} \cdot 100}{250.000\ \text{€}} = 18\ \%$$

$$\text{Gesamtkapitalrentabilität} = \frac{(\text{Gewinn} + \text{Fremdkapitalzinsen}) \cdot 100}{\text{durchschnittlich gebundenes Gesamtkapital}}$$

$$= \frac{(45.000\ \text{€} + 15.000\ \text{€}) \cdot 100}{550.000\ \text{€}} = 10{,}9\ \%$$

5. Planungsrechnung

Lösung zu Aufgabe 1: Planungsrechnung, Aufgaben

Die Planungsrechnung übernimmt u. a. folgende Aufgaben:

1. Festlegen von Planwerten
2. Koordination
3. Motivation.

zu 1.
Eine der Hauptaufgaben der Planungsrechnung ist die Festlegung von Planungsgrößen für zukünftige Abrechnungsperioden. Damit in den einzelnen Teilbereichen des Unternehmens effektiv und zielorientiert gearbeitet werden kann, müssen die einzelnen Beteiligten im betrieblichen Leistungsprozess Sollgrößen haben, an denen sie ihre Tätigkeiten ausrichten.

Ohne diese Größen wäre eine optimale Gestaltung und Abarbeitung der Prozesse kaum möglich.

zu 2.
Unternehmerische Tätigkeiten basieren nicht nur auf einem Plan. Damit Unternehmen ihre betrieblichen Zielsetzungen erreichen, sind viele Teilpläne notwendig, die aufeinander abgestimmt sein müssen.

Die Planungsrechnung übernimmt diese Abstimmung und koordiniert die Teilpläne zu einem Gesamtplan, damit eine optimale Gestaltung der betrieblichen Leistungsprozesse möglich ist.

zu 3.
Mitarbeiter wollen ihre Aktivitäten an bestimmten Planungsgrößen ausrichten.

Die Planung übernimmt also auch eine Motivationsfunktion, sodass die Mitarbeiter beispielsweise durch die Planungsgrößen genau wissen, was von ihnen verlangt wird bzw. was zu erreichen ist.

Lösung zu Aufgabe 2: Kostenplanung I

a) Die wesentlichen Kostenarten, die im Unternehmen geplant werden müssen, sind u. a.

- die Personalkosten
- die Materialkosten
- die Vertriebskosten.

b) **Personalkosten**
Die Personalkosten können u. a. aus Löhnen und Gehältern bestehen. Die Gehälter sind pro Mitarbeiter konstant. Wenn für die zu planende Abrechnungsperiode bekannt ist, wie viele Gehaltsempfänger beschäftigt sind, können die Gehälter mit der Anzahl der Mitarbeiter multipliziert werden.

Bei den Lohnempfängern werden für die Ermittlung die Sollstunden pro Monat mit den entsprechenden Stundenlöhnen multipliziert, um die entsprechenden Bruttolöhne zu erhalten.

Die Arbeitgeberaufwendungen werden jeweils mit dem unternehmensindividuellen Prozentsatz auf die Bruttolöhne bzw. Bruttogehälter aufgeschlagen.

Materialkosten
Die Materialkosten werden meist kalkuliert, indem aus der Produktionsplanung und den entsprechenden Stücklisten berechnet wird, wie hoch der jeweilige Materialeinsatz ist.

Der ermittelte Materialeinsatz wird mit bekannten Einkaufspreisen multipliziert und man erhält die zu planenden Materialkosten.

Vertriebskosten
Die Vertriebskosten sind abhängig davon, wie z. B. der Vertrieb organisiert ist.

Übernimmt das Unternehmen den Vertrieb selber, so könnte z. B. ein fester Betrag pro Kundenbestellung für den Vertrieb (z. B. Paketversand) angesetzt werden.

Aus der Absatzplanung wird ermittelt, welche Produktionsmenge geplant wird. Diese wird mit den Vertriebskosten pro Stück multipliziert und man erhält die Vertriebskosten.

Lösung zu Aufgabe 3: Kostenplanung II

a) Kostenarten, die durch den Betrieb der Maschine verursacht werden, sind z. B.

- Kalkulatorische Abschreibungen
- Kalkulatorische Zinsen
- Materialkosten (Kartonage)
- Raumkosten
- Stromverbrauch
- Hilfslöhne
- Reparaturkosten
- ...

b)

Kalkulatorische Abschreibungen	beschäftigungsunabhängig
Kalkulatorische Zinsen	beschäftigungsunabhängig
Materialkosten (Kartonage)	beschäftigungsabhängig
Raumkosten	beschäftigungsunabhängig
Stromverbrauch	beschäftigungsunabhängig (Grundpreis)/ beschäftigungsabhängig (Verbrauchspreis)
Hilfslöhne	können sowohl beschäftigungsunabhängig als auch beschäftigungsabhängig sein (abhängig von der zeitlichen Gestaltung der Produktion)
Reparaturkosten	grundsätzlich beschäftigungsabhängig

Lösung zu Aufgabe 4: Kostenplanung und Abweichungsanalyse

a) In der Fertigung können u. a. folgende Kosten geplant werden:

- Material für die Reparatur der Maschinen
- Hilfsstoffe
- Betriebsstoffe
- Stromkosten
- Hilfslöhne
- Gehälter der Meister
- Büromaterial
- Versicherungen
- Kalkulatorische Abschreibungen
- Kalkulatorische Zinsen
- ...

b) Aufgaben der Kostenplanung sind:

1. Ermittlung von Kostenvorgaben
2. Ermittlung von Verrechnungssätzen
3. Erarbeitung von Entscheidungsgrundlagen
4. Ermittlung von Ergebnisgrößen
5. Grundlage für die Kontrolle der Wirtschaftlichkeit
6. ...

 **INFO**

Auch andere Antworten sind möglich!

---

c) **Kostenart Materialeinsatz**
Die Differenz im Materialeinsatz kann zum einen begründet sein im höheren mengenmäßigen Verbrauch des Materials, z. B. können Mitarbeiter das Material falsch verbaut haben, sodass neues Material verwendet werden musste.

Außerdem ist es möglich, dass sich die Materialpreise auf den Beschaffungsmärkten erhöht haben, was wiederum zu einem höheren Materialeinsatz führte.

Kostenart Stromverbrauch
Die Ist- und Planmenge beim Stromverbrauch ist identisch, ein Mehr- bzw. Minderverbrauch scheidet unter diesen Umständen aus. Die Differenz ist hierbei in höheren Preisen für den Verbrauch von Strom bzw. in höheren Grundgebühren zu suchen.

d) Möglichkeiten der Kostenbeeinflussung:

1. Verringerung der Kapitalbindungskosten durch Überlappung von Aufträgen
2. Veränderung der Fertigungstiefe
3. Verringerung der Wartezeiten eines Auftrages zwischen den Produktionsstufen
4. Steigerung der Produktivität durch Mitarbeiterschulung
5. ...

 INFO

Auch andere Antworten sind möglich!

GLOSSAR

Abschreibungen, bilanziell
Abschreibungen sind die aufwandsmäßige Erfassung von Wertminderungen von Vermögensgegenständen. Im Rahmen der bilanziellen Abschreibungen sind gesetzliche Regelungen aus Handels- und Steuerrecht zu beachten. Es werden planmäßige und außerplanmäßige Abschreibungen unterschieden. Bemessungsgrundlage sind die Anschaffungs- oder Herstellungskosten. Alle unternehmerisch genutzten Vermögensgegenstände werden in die Abschreibungen einbezogen.

Abschreibungen, kalkulatorisch
Kalkulatorische Abschreibungen werden in der Kosten- und Leistungsrechnung angesetzt. Es handelt sich um Anderskosten. Es werden nur durch die betriebliche Tätigkeit genutzte Vermögensgegenstände einbezogen. Ziel ist es, die Wertminderungen in die Verkaufspreise einzukalkulieren, damit die Kunden die Vermögensgegenstände, die im betrieblichen Leistungsprozess genutzt werden, auch „bezahlen". Da Kosten planbar sein müssen, wird die kalkulatorische Abschreibung meist in Form der linearen Methode berechnet. Ein weiterer wesentlicher Unterschied zur bilanziellen Abschreibung ist, dass die Wiederbeschaffungskosten als Bemessungsgrundlage dienen, um Wertsteigerungen der Vermögensgegenstände mit einzubeziehen.

Anderskosten
Anderskosten sind aufwandsungleiche Kosten, d. h. die Kosten haben zwar einen Ursprung in der Buchführung, allerdings gehen sie mit einem anderen Wert in die Kosten- und Leistungsrechnung ein, z. B. kalkulatorische Abschreibungen.

Anlagevermögen
Das Anlagevermögen umfasst alle Gegenstände, die dem Unternehmen langfristig dienen. Grundsätzlich dient ein Vermögensgegenstand langfristig, wenn seine Nutzungsdauer größer als 1 Jahr ist.

Anschaffungswertprinzip
Das Anschaffungswertprinzip ist Ausfluss des Grundsatzes der Vorsicht. Es besagt, dass die oberste Wertgrenze für den Ausweis von Vermögensgegenständen in der Bilanz die Anschaffungskosten sind, d. h. ein Vermögensgegenstand kann niemals in der Bilanz mit einem höherem Wert ausgewiesen werden als die Anschaffungskosten, auch wenn der Marktwert höher ist. Dadurch entstehen stille Reserven.

Betriebsergebnis
Das Betriebsergebnis stellt den Gewinn oder Verlust aus der betrieblichen Tätigkeit dar. Das Betriebsergebnis wird in der Kosten- und Leistungsrechnung zu Istkosten ermittelt.

Bilanz
Die Bilanz ist eine stichtagsbezogene Gegenüberstellung von Vermögen und Kapital in Kontenform. Sie stellt bei buchführungspflichtigen Kaufleuten im Sinne des HGB einen Bestandteil des zu erstellenden Jahresabschlusses dar.

Deckungsbeitrag, absolut
Der absolute Deckungsbeitrag ist ein Begriff der Teilkostenrechnung. Er zeigt an, wie hoch der Überschuss des Verkaufspreises über den variablen Stückkosten ist. Der absolute Deckungsbeitrag zeigt an, wie viel das jeweilige Produkt oder die jeweilige Dienstleistung zur Fixkostendeckung beiträgt. Sind die fixen Kosten gedeckt (ab dem Break-even-Point), ist der Deckungsbeitrag der Gewinn.

Deckungsbeitrag, relativ
Während der absolute Deckungsbeitrag den Stückdeckungsbeitrag ausweist, ist

GLOSSAR

der relative Deckungsbeitrag der Deckungsbeitrag je Zeiteinheit. Er zeigt also an, wie viel Deckungsbeitrag ein Produkt bzw. eine Dienstleistung pro Minute bzw. pro Stunde erwirtschaftet. Er wird u. a. für die Gestaltung des optimalen Produktionsprogramms benötigt.

Differenz-Quotienten-Verfahren
Das Differenz-Quotienten-Verfahren wird zur Aufspaltung der Gesamtkosten in ihre fixen und variablen Bestandteile genutzt. Die Grundannahme besagt, dass bei veränderten Gesamtkosten auf Grundlage von Beschäftigungsänderungen die veränderten Kosten ausschließlich variable Kosten sind. Es muss allerdings ein linearer Kostenverlauf unterstellt werden.

Eigenkapital
Unter der Position Eigenkapital wird das Kapital des Eigentümers bzw. der Eigentümer dargestellt. In Personenunternehmen besitzt jeder Gesellschafter ein Eigenkapitalkonto. In Kapitalgesellschaften setzt sich das Eigenkapital aus verschieden Konten (gezeichnetes Kapital, Kapitalrücklage, Gewinnrücklage, etc.) zusammen.

Einzelkosten
Einzelkosten sind Kosten, die dem Kostenträger direkt zurechenbar sind, z. B. Fertigungsmaterial.

Fixe Kosten
Fixe Kosten sind unabhängig vom Beschäftigungsgrad. Sie entstehen im Unternehmen, egal, ob produziert wird oder nicht. Dies sind z. B. Abschreibungen oder Miete.

Fixkostendegression
Fixkostendegression bzw. Degression der Fixkosten bzw. „Gesetz der Massenproduktion" besagt, dass bei steigendem Beschäftigungsgrad die fixen Stückkos-

ten abnehmen. Da die fixen Gesamtkosten konstant bleiben, lassen sich diese bei steigender Beschäftigung auf eine größere Stückzahl verteilen.

Fremdkapital
Fremdkapital ist das so genannte Gläubigerkapital. Aus Sicht des Unternehmens bestehen Schuldverhältnisse, die unter der Position Fremdkapital zusammengefasst werden. Dies sind insbesondere Rückstellungen und Verbindlichkeiten.

Gemeinkosten
Gemeinkosten sind Kosten, die dem Kostenträger nicht direkt zurechenbar sind. Sie fallen im Rahmen des gesamten Unternehmens an, z. B. Miete.

Gewinnrücklage
Die Gewinnrücklage ist Teil des Eigenkapitals einer Kapitalgesellschaft. Sie beinhaltet die nicht ausgeschütteten Gewinne, die im Unternehmen gehalten werden. Aus Sicht der Finanzierung erkennt man so die Selbstfinanzierung des Unternehmens.

Gezeichnetes Kapital
Die Position Gezeichnetes Kapital ist ein Konto des Eigenkapitals einer Kapitalgesellschaft. Sie weist das Haftungskapital des Unternehmens (z. B. bei einer GmbH mindestens 25.000 €) aus.

Grundkosten
Grundkosten sind aufwandsgleiche Kosten, d. h. die Aufwendungen haben in der Kosten- und Leistungsrechnung den gleichen Wert wie in der Finanzbuchhaltung, wie z. B. Gehälter, Büromaterial, etc.

Handelsspanne
Die Handelsspanne ist Teil der „vereinfachten Handelskalkulation". Sie gibt an, mit welchem Prozentsatz der Unterneh-

mer in einem Schritt vom Nettoverkaufspreis zum Bezugspreis kommt.

Höchstwertprinzip
Das Höchstwertprinzip ist ein Ausfluss des Grundsatzes der Vorsicht. Es bezieht sich auf die Passiva der Bilanz. Von zwei möglichen Wertansätzen ist am Bilanzstichtag der höhere anzusetzen. Eine Ausnahme ist der § 256a HGB (kurzfristige Währungsverbindlichkeiten).

Imparitätsprinzip
Das Imparitätsprinzip ist Ausdruck des Grundsatzes der Vorsicht. Es beschreibt die Ungleichbehandlung von Gewinnen und Verlusten im Jahresabschluss. Gewinne dürfen erst ausgewiesen werden, wenn sie realisiert sind. Verluste dagegen müssen schon ausgewiesen werden, selbst wenn sie drohen.

Inventar
Ein Inventar ist ein Bestandsverzeichnis, in dem alle Vermögenswerte und Schulden in Staffelform dargestellt werden. Als Differenz zwischen Vermögen und Schulden wird das Reinvermögen (Eigenkapital) ermittelt. Das Inventar wird nicht unterschrieben und ist die Grundlage für die Bilanz.

Inventur
Eine Inventur ist eine mengen- und wertmäßige Erfassung aller Vermögensgegenstände und Schulden zu einem bestimmten Stichtag. Der Kaufmann ist verpflichtet, eine Inventur zu Beginn seines Handelsgewerbes und zum Schluss eines jeden Geschäftsjahres durchzuführen. Die Inventur bildet die Grundlage für das Inventar.

Istkosten
Istkosten sind die in einer Abrechnungsperiode tatsächlich angefallenen Kosten. Sie werden am Ende der Abrechnungsperiode ermittelt und dienen der Kontrolle und dann als Grundlage für zukünftige Planungen.

Kalkulationsfaktor
Der Kalkulationsfaktor ist Teil der „vereinfachten Handelskalkulation". Er gibt den Faktor an, mit dem der Bezugspreis multipliziert wird, um in einem Schritt zum Nettoverkaufspreis (Großhandel) bzw. Bruttoverkaufspreis (Einzelhandel) zu gelangen.

Kalkulationszuschlag
Der Kalkulationszuschlag ist Teil der „vereinfachten Handelskalkulation". Er gibt den Prozentsatz an, der auf den Bezugspreis aufgeschlagen wird, um auf den Nettoverkaufspreis (Großhandel) bzw. Bruttoverkaufspreis (Einzelhandel) zu gelangen.

Kapitalrücklage
Die Kapitalrücklage ist Teil des Eigenkapitals einer Kapitalgesellschaft. Sie entsteht durch ein so genanntes Agio (Aufgeld), welches die Eigenkapitalgeber zusätzlich zum gezeichneten Kapital zahlen, wie z. B. bei Aktiengesellschaften, wenn zum Börsenkurs gekauft wird und dieser über dem Nennwert liegt.

Kosten
Kosten sind betriebliche Aufwendungen, d. h. sie stellen den Werteverzehr dar, der durch die betriebliche Tätigkeit eines Unternehmens entsteht.

Kostenremanenz
Kostenremanenz bedeutet, dass die fixen Kosten bei steigendem Beschäftigungsgrad schneller steigen, als sie bei sinkendem Beschäftigungsgrad wieder sinken. So investiert z. B. ein Unternehmen in eine neue Maschine, woraufhin die fixen Kosten und die Kapazität steigen. Wenn die Kapazitätsauslastung aufgrund man-

GLOSSAR

gelnder Aufträge wieder zurückgeht, bleiben die fixen Kosten allerdings so lange bestehen, bis die nicht mehr benötigte Maschine verkauft werden kann.

Kostenstellen-Einzelkosten
Hierbei handelt es sich um Gemeinkosten, die der Kostenstelle direkt auf Grundlage von Belegen zurechenbar sind, z. B. Reparaturkosten.

Kostenstellen-Gemeinkosten
Dies sind Gemeinkosten, die der Kostenstelle indirekt auf Grundlage eines Verteilungsschlüssels bzw. von Verhältniszahlen zugerechnet werden, z. B. Miete auf Grundlage von Quadratmetern.

Leistungen
Leistungen sind betriebliche Erträge. Sie sind der eigenkapitalerhöhende Wertezufluss in einem Unternehmen aus der betrieblichen Tätigkeit heraus. Leistungen setzen sich zusammen aus Absatzleistungen, Lagerleistungen, aktivierten Eigenleistungen und Entnahmen von Sachen und Leistungen für den Privatbereich des Unternehmers.

Liquidität
Mit Liquidität bezeichnet man allgemein, ob ein Unternehmen in der Lage ist, fristgerecht allen seinen Verbindlichkeiten nachzukommen. Ist dies nicht der Fall, spricht man von Illiquidität, die u. a. ein Insolvenzgrund wäre. Der Begriff Liquidität wird allerdings mehrschichtiger verwendet. So wird die Liquidität unterteilt in absolute und relative Liquidität. Die relative Liquidität wird unterschieden in stichtagsbezogene und zeitraumbezogene Liquidität.

Niederstwertprinzip
Das Niederstwertprinzip ist ein Ausfluss des Grundsatzes der Vorsicht und gilt für die Vermögensseite (Aktiva der Bilanz). Es besagt, dass von zwei möglichen Wertansätzen der niedrigere Wertansatz verwendet werden muss. Man unterscheidet das gemilderte und das strenge Niederstwertprinzip.

Das gemilderte Niederstwertprinzip besagt, dass bei Vermögensgegenständen auch bei voraussichtlich nicht dauernder Wertminderung eine außerplanmäßige Abschreibung vorgenommen werden darf. Dies gilt allerdings nur für Finanzanlagen.

Das strenge Niederstwertprinzip besagt, dass bei Vermögensgegenständen des Anlagevermögens bei voraussichtlich dauernder Wertminderung eine außerplanmäßige Abschreibung vorzunehmen ist. (§ 253 Abs. 3 HGB)

Beim Umlaufvermögen ist am Abschlussstichtag stets von zwei möglichen Wertansätzen der niedrigere Wert anzusetzen. (§253 Abs. 4 HGB)

Normalkosten
Normalkosten stellen die Durchschnittswerte der Kosten der vorangegangenen Abrechnungsperioden dar. Sie werden genutzt, um die laufende Abrechnungsperiode zu planen. Im Rahmen der Kostenstellenrechnung werden am Ende der Abrechnungsperiode die Ist- und Normalkosten gegenübergestellt und z. B. Kostenstellenüber- bzw. unterdeckungen berechnet.

Permanente Inventur
Bei der permanenten Inventur muss einmal im Jahr eine körperliche Bestandsaufnahme des Vorratsvermögens an einem beliebigen Zeitpunkt durchgeführt werden. Die einzelnen Positionen werden dann anhand der Lagerkartei bzw. von Belegen mengenmäßig fortgeschrieben oder zurückgerechnet.

GLOSSAR

Plankosten
Plankosten werden für eine zukünftige Abrechnungsperiode berechnet. Bei einer bestimmten Kostenfunktion und unterstelltem Beschäftigungsgrad werden die Kosten ermittelt. Sie dienen der Planung/Budgetierung. Am Ende der geplanten Abrechnungsperiode dienen sie als Basis für Soll-/Ist-Vergleiche.

Realisationsprinzip
Das Realisationsprinzip bezieht sich auf den Ausweis von Gewinnen im Jahresabschluss. Es besagt, dass Gewinne im Jahresabschluss erst ausgewiesen werden dürfen, wenn sie realisiert sind.

Rentabilität
Meist wird die Rentabilität als Verzinsung des eingesetzten Kapitals (als Eigen- bzw. Gesamtkapitalrentabilität) bezeichnet. Bei der Rentabilität wird eine Erfolgsgröße ins Verhältnis gesetzt zu einer Bezugs- bzw. Basisgröße (z. B. lässt sich zusätzlich zur Kapitalrentabilität eine Umsatzrentabilität berechnen). Die Rentabilität ist eine Verhältniskennzahl.

Return on Investment (ROI)
Der Return on Investment ist die Spitzenkennzahl des DuPont-Kennzahlen-Systems und stellt die Verzinsung des investierten Kapital dar. Durch die Aufsplittung der Spitzenkennzahl in ihre einzelnen Komponenten ist es möglich, den Einfluss von betrieblichen Entscheidungen auf die Spitzenkennzahl zu erkennen und ist deshalb ein im Unternehmen häufig eingesetztes Planungs- und Steuerungsinstrument.

Rückstellungen
Rückstellungen werden für ungewisse Verbindlichkeiten und drohende Verluste aus schwebenden Geschäften gebildet. Eine Verbindlichkeit ist ungewiss, wenn die Höhe und die Fälligkeit nicht eindeutig bestimmbar sind.

Sondereinzelkosten
Sondereinzelkosten sind Kosten, die zwar dem Kostenträger direkt zurechenbar sind, allerdings nicht im eigentlichen Leistungsprozess entstehen bzw. nicht in das Produkt eingehen. Es wird unterschieden in Sondereinzelkosten der Fertigung, z. B. Modellkosten, und Sondereinzelkosten des Vertriebs z. B. Transportkosten.

Stichprobeninventur
Bei der Stichprobeninventur wird die körperliche Bestandsaufnahme für einen Teil des Vorratsvermögens durchgeführt. Mithilfe mathematischer Methoden wird dann auf den Gesamtbestand hochgerechnet.

Stichtagsinventur
Die Stichtagsinventur bzw. zeitnahe Inventur wird innerhalb eines Zeitraums von 10 Tagen vor oder nach dem Abschlussstichtag durchgeführt. Der Bestand wird dann mengen- und wertmäßig auf den Abschlussstichtag vor- oder zurückgerechnet.

Stille Reserven
Stille Reserven ergeben sich aus der Anwendung des Anschaffungswertprinzips. Vermögensgegenstände dürfen maximal mit ihren Anschaffungskosten in der Bilanz ausgewiesen werden. Ist der tatsächliche Marktwert größer, so wird von stillen Reserven gesprochen. Es handelt sich um nicht realisierte Gewinne, die nicht ausgewiesen werden dürfen.

Umlaufvermögen
Im Umlaufvermögen befinden sich Vermögensgegenstände, die dem Unternehmen kurzfristig dienen. Sie werden im Leistungsprozess eingesetzt bzw. entstehen durch den Leistungsprozess.

GLOSSAR

Umsatzergebnis
Das Umsatzergebnis ermittelt – wie das Betriebsergebnis – den Gewinn oder Verlust aus der betrieblichen Tätigkeit. Es wird ermittelt in der Kosten- und Leistungsrechnung. Der Unterschied zum Betriebsergebnis besteht darin, dass das Umsatzergebnis zu Normalkosten ermittelt wird, also am Anfang der Abrechnungsperiode. Die Differenz zwischen Umsatz- und Betriebsergebnis ergibt sich aus Kostenstellenüber- bzw. -unterdeckungen.

Unternehmensergebnis
Das Unternehmensergebnis ist der Gewinn oder Verlust aus der gesamten unternehmerischen Tätigkeit. Er wird in der Gewinn- und Verlustrechnung ermittelt.

Variable Kosten
Variable Kosten sind beschäftigungsabhängige Kosten, sie entstehen nur, wenn ein Unternehmen tatsächlich produziert, dies sind z. B. Fertigungslöhne und Fertigungsmaterial.

Verbindlichkeiten
Verbindlichkeiten sind Verpflichtungen aus Schuldverhältnissen des Unternehmens, die nach ihrer Art, Höhe und Fälligkeit genau spezifiziert sind.

Verlegte Inventur
Bei der verlegten Inventur kann die Inventur innerhalb der letzten 3 Monate des alten Geschäftsjahres bzw. innerhalb der ersten 2 Monate des neuen Geschäftsjahres durchgeführt werden. Die einzelnen Bestände können innerhalb des Zeitraums an beliebigen Tagen aufgenommen werden. Der Bestand wird dann wertmäßig auf den Abschlussstichtag vor- oder zurückgerechnet.

Zusatzkosten
Zusatzkosten sind aufwandslose Kosten, d. h. sie haben keinen Ursprung in der Buchführung und werden nur in der Kosten- und Leistungsrechnung erfasst, z. B. kalkulatorischer Unternehmerlohn.

STICHWORTVERZEICHNIS

410 €-Regelung 109

A

Abgrenzung 31
-, sachliche 31, 118
-, zeitliche 119
Abgrenzungsergebnis 122
Abschreibung 24
-, bilanzielle 34, 125
-, kalkulatorische 34, 125
Abweichungsanalyse 65, 223
Adressat 60
Aktivmehrung 91
Aktivminderung 91
Aktivtausch 90, 106
Anderskosten 32, 121
Angebotsvergleich 52
Anhang 89
Anlagevermögen 29, 100
-, Wertpapier 29
Anschaffungskosten 23
Anschaffungswertprinzip 15, 73, 77
Äquivalenzziffernkalkulation 45, 158, 160
Aufbewahrungsfrist 15, 76
Aufwendung 35, 129
-, außerordentliche 120
-, betriebsfremde 119
-, periodenfremde 120
Ausgaben 35, 129

B

Betriebsabrechnungsbogen 40, 145
Betriebsergebnis 22, 33, 102, 122, 152, 201
Bewertung 26
-, Vorrat 26
-, Wertpapier Anlagevermögen 114
Bewertungsvereinfachungsverfahren 74
Bilanz 18 ff., 88
-, Wertveränderung in der 18, 90
Break-even-Analyse 56, 193
Break-even-Point 55, 187
Buchführung 13, 16, 68
-, Bücher der 16
Buchführungspflicht 69
-, derivative (abgeleitete) 70
Buchführungsvorschrift 13
Buchungsgrundsatz 16

C

Cashflow 218

D

Deckungsbeitrag 54
-, absoluter 54, 190
-, relativer 54, 190
Deckungsbeitragsrechnung 58
-, einstufige 58
Deckungsgrad I 64
Deckungsgrad II 64, 97
Differenz-Quotienten-Verfahren 39, 141, 186
Divisionskalkulation 44, 158 f.
Dokumentation 67
Durchschnitt 26
-, gewogener 26, 107
Durchschnittsbewertung 74

E

Eigenkapital 100
Eigenkapitalquote 61, 210
Eigenkapitalrentabilität 61, 209, 211
Einnahmen 35, 129
Einnahmen-Überschussrechnung 70
Einzelkosten 36, 131
Einzel- und Pauschalwertberichtigung 28
Einzelwertberichtigung 111
EK-Quote 60
EK-Rendite 60
Ertrag 35, 129
-, aus dem Abgang von Vermögensgegenständen 121
-, außerordentlicher 121
-, betriebsfremder 120
-, periodenfremder 121

F

Festwert 74
Finanzbuchhaltung 17
-, Aufgaben der 17, 84
Finanzierungregel
-, horizontale 97
-, vertikale 97
Fixkostendegression 38
Forderung 27

STICHWORTVERZEICHNIS

G

Gemeinkosten	36
Gesamtkapitalrentabilität	61, 211
Gewinnrücklage	80, 100
Gewinnschwellenumsatz	56
Gewinn- und Verlustrechnung	89
Grundbuch	83
Grundkosten	32, 121
Grundsatz	14
-, der Bewertungsstetigkeit	14, 73
-, der Bilanzidentität	14, 74
-, der Einzelbewertung	15
-, der Klarheit und Übersichtlichkeit	14, 73
-, der Periodenabgrenzung	14, 74
-, der Vorsicht	14
Gruppenbewertung	74

H

Handelskalkulation	51, 176
Handelsspanne	52, 179
Hauptbuch	83
Herstellungskosten	24, 105
Höchstwertprinzip	15, 73

I

Imparitätsprinzip	16, 72, 81
Information	67
Inventar	17, 87
Inventur	
-, permanente	86
-, verlegte (zeitverschobene)	86
Inventurvereinfachungsverfahren	86
Istkosten	36, 132, 151

J

Jahresabschluss	18, 60, 88
-, Adressaten	60, 207
-, Bestandteil	18
Jahresabschlussanalyse	207

K

Kalkulationsfaktor	183
Kalkulationszuschlag	53
Kapital	
-, gezeichnetes	100
Kapitalrücklage	80, 100

Kennzahl	20, 60, 96
Kontrolle	67
Kosten	35, 65
-, beschäftigungsabhängige	65
-, beschäftigungsunabhängige	65
-, Einteilung der	134
Kostenplanung	65, 221
Kostenremanenz	38, 140
Kostenstelle	39, 142
Kostenstellen-Einzelkosten	39, 132
Kostenstellen-Gemeinkosten	39, 132
Kostenstellenrechnung	39
-, Aufgabe der	143
Kostenträgerrechnung	44, 155
Kosten- und Erlösfunktion	194
Kosten- und Leistungsrechnung	13, 31, 68
-, Aufgabe der	31, 117
Kostenverlauf	38, 137
Kuppelkalkulation	158

L

Leistung	35
Leverage-Effekt	62, 213
Lifo-Methode	26, 107
Liquidität	62, 97

M

Maschinenstundensatz	37, 43
Maschinenstundensatzrechnung	154
Miete	33, 123

N

Nachkalkulation	157
Nebenbuch	83
Niederstwertprinzip	15, 73, 77
-, gemildertes	77
-, strenges	77
Normalkosten	36, 132, 151

P

Passivmehrung	91
Passivminderung	91
Passivtausch	90
Pauschalwertberichtigung	111
Plankosten	36, 132
Planungsrechnung	13, 65, 68, 221

STICHWORTVERZEICHNIS

Posten	
-, antizipativer	119
-, transitorischer	119
Preisuntergrenze	56
-, kurzfristige	56, 188
-, langfristige	56, 188
Primärkosten	36

R

Realisationsprinzip	72, 77
Rechnungsabgrenzungsposten	28, 113
Rentabilität	62
Reserve	
-, stille	77, 80
Restwertmethode	158
Rücklage	16
-, offene	16, 80
-, stille	16, 80
Rückstellung	29, 100, 115

S

Sammelposten GWG	109
Sekundärkosten	36, 132
Selbstfinanzierung	
-, offene	100
Selbstkostenrechnung	133, 146
Sondereinzelkosten	36, 131
-, der Fertigung	131
-, des Vertriebes	131
Statistik	13, 68
Stichtagsinventur	86

T

Teilkosten	36, 133
Teilkostenrechnung	54, 184
Tragfähigkeitsprinzip	158

U

Umlaufvermögen	29, 100, 114
Umsatzergebnis	152
Umsatzrendite	56
Umsatzrentabilität	54, 61, 189, 211
Unternehmenserfolg	101
Unternehmensergebnis	22, 33, 102, 122, 151
Unternehmerlohn	35
-, kalkulatorischer	35, 128

V

Verbindlichkeit	29, 101, 115
Verbrauchsfolgeverfahren	74
Verlust	
-, aus dem Abgang von Vermögensgegenständen	120
Vollkosten	36, 133
Vollkostenrechnung	54, 184
Vorkalkulation	157
Vorrat	
-, Bewertung	108

W

Wagnis	33
-, kalkulatorisches	33, 123
Wirtschaftsgut	27
-, geringwertiges	27, 108

Z

Zielkonflikt	62
Zusatzauftrag	55
Zusatzkosten	32, 122
Zuschlagskalkulation	47, 158, 167
Zuschlagssatz	143
Zuschreibung	78
Zwischenkalkulation	157